MODELLKOMPASS

Matthias Gerst

CHEVROLET CORVETTE

seit 1953

Motor
buch
Verlag

Einbandgestaltung: Luis dos Santos

Titelbilder: General Motors

Bildnachweis: Archiv Matthias Gerst, General Motors, Malburg Corvette,
Jürgen Reitz, Mike Vendetto, IVM Deutschland

ISBN: 978-3-613-04484-5

1. Auflage 2022

Sie finden uns im Internet unter www.motorbuch-verlag.de

Lektor: Georg Otto
Innengestaltung: Markus Janda, Tebitron GmbH, Gerlingen
Druck und Bindung: Multiprint Ltd., 2230 Kostinbrod, Bulgarien
Printed in Bulgaria

Inhalt

Firmengeschichte
Von Null auf Hundert: Vom Newcomer zur größten Autofabrik der Welt ... 4

Einführung in die acht Generationen der Corvette
Harmonie in Sport und Kunststoff: Die Corvette von 1953 bis heute ... 10

Generation I (C1)
Modelljahr 1953 ... 14
Modelljahr 1954 ... 16
Modelljahr 1955 ... 17
Modelljahr 1956 ... 18
Modelljahr 1957 ... 19
Modelljahr 1958 ... 20
Modelljahr 1959 ... 21
Modelljahr 1960 ... 22
Modelljahr 1961 ... 23
Modelljahr 1962 ... 24

Generation II (C2)
Modelljahr 1963 ... 26
Modelljahr 1964 ... 28
Modelljahr 1965 ... 30
Modelljahr 1966 ... 32
Modelljahr 1967 ... 34

Generation III (C3)
Modelljahr 1968 ... 36
Modelljahr 1969 ... 38
Modelljahr 1970 ... 40
Modelljahr 1971 ... 42
Modelljahr 1972 ... 44
Modelljahr 1973 ... 46
Modelljahr 1974 ... 48
Modelljahr 1975 ... 49
Modelljahr 1976 ... 51
Modelljahr 1977 ... 52
Modelljahr 1978 ... 53
Modelljahr 1979 ... 55
Modelljahr 1980 ... 56
Modelljahr 1981 ... 57
Modelljahr 1982 ... 58

Generation IV (C4)
Modelljahr 1984 ... 59
Modelljahr 1985 ... 61
Modelljahr 1986 ... 62
Modelljahr 1987 ... 64
Modelljahr 1988 ... 65
Modelljahr 1989 ... 67
Modelljahr 1990 ... 68
Modelljahr 1991 ... 70
Modelljahr 1992 ... 71
Modelljahr 1993 ... 73
Modelljahr 1994 ... 74
Modelljahr 1995 ... 75
Modelljahr 1996 ... 76

Generation V (C5)
Modelljahr 1997 ... 78
Modelljahr 1998 ... 81
Modelljahr 1999 ... 82
Modelljahr 2000 ... 83
Modelljahr 2001 ... 86
Modelljahr 2002 ... 87
Modelljahr 2003 ... 90
Modelljahr 2004 ... 92

Generation VI (C6)
Modelljahr 2005 ... 94
Modelljahr 2006 ... 97
Modelljahr 2007 ... 99
Modelljahr 2008 ... 101
Modelljahr 2009 ... 103
Modelljahr 2010 ... 106
Modelljahr 2011 ... 108
Modelljahr 2012 ... 109
Modelljahr 2013 ... 110

Generation VII (C7)
Modelljahr 2014 ... 112
Modelljahr 2015 ... 116
Modelljahr 2016 ... 118
Modelljahr 2017 ... 120
Modelljahr 2018 ... 122
Modelljahr 2019 ... 124

Generation VIII (C8)
Modelljahr 2020+21 ... 126
Modelljahr 2022 ... 128

Sondermodelle
Callaway Cars auf Corvette-Basis ... 130
Die Corvette im Motorsport ... 142
Prototypen und Show Cars ... 152

Firmengeschichte

Der aus der Schweiz stammende Rennfahrer Louis Chevrolet (links) gab der Marke seinen Namen. (Foto: © GM Media)

Von Null auf Hundert: Vom Newcomer zur größten Autofabrik der Welt

Die Automarke Chevrolet wurde im Jahre 1911 aus der Taufe gehoben. Als Pate stand der gebürtige Schweizer Rennfahrer Louis Chevrolet zur Verfügung, der damals jahrelang durch seine großen Rennerfolge in der neuen Welt auf sich aufmerksam machte.

Als Initiator hatte ein gewisser William Crapo Durant ein goldenes Händchen bewiesen, der den zugkräftigen Namen Chevrolets mit dessen Einverständnis als Markennamen schützen ließ. Überdies bekam Mister Chevrolet eine herausragende Position in dem neuen Unternehmen zugewiesen.

»Billy« Durant hatte im Jahre 1908 aus einem Haufen kleinerer und größerer Autofirmen das auch heute noch weltgrößte Autoimperium geschaffen: General Motors. Obwohl es sich auf lange Sicht als der richtige Schritt erweisen sollte, hatte das junge Großunternehmen mit einigen Anfangsschwierigkeiten zu kämpfen gehabt, sodass Durant bereits kurze Zeit später seinen Posten als Präsident zur Verfügung stellen musste.

Nachdem sich die neuen Chevrolets buchstäblich wie warme Semmeln verkaufen ließen, konnte Durant mit den ungeheuren Gewinnen wiederum die Aktienmehrheit von GM erwerben, sodass er im Jahre 1916 zum zweiten Mal Präsident wurde – ein bis heute einmaliger Vorgang in der Geschichte eines Automobil-Großkonzerns.

Genau in jenem Jahr lancierte die noch junge Marke ein weiteres Erfolgsmodell, den Typ »490«, das seinen Namen dem Umstand verdankte, in der Standardausführung exakt 490 Dollar zu kosten.

Kurze Experimente mit einem luftgekühlten Vierzylinder und einem unausgereiften V8-Motor zeigten, wie wichtig es damals war, einen robusten Gebrauchswagen über Jahre hinweg mit der gleichen Technik anbieten zu können. Der 490, ein 2,6-Liter großer Vierzylinder mit nur 25 PS, war genau so ein Fahrzeug, wie es sich viele Kunden wünschten. Damit trat es in direkte Konkurrenz mit dem noch viel zahlreicher verkauften, legendären T-Modell von Ford und begründete das immerwährende Wettrennen um die Spitze der jährlichen Zulassungszahlen zwischen Ford und Chevrolet.

Ebenfalls im Jahr 1916 wurde bereits das erste Zweigwerk in Kanada gegründet, dem in den 20er-Jahren noch etliche weitere folgen sollten. So wurden auch in Deutschland in den Jahren 1927 bis 1931 Chevys montiert, im Vereinigten Königreich begann die Montage etwas früher, endete aber später. Genauso gab es in Südamerika bereits vor dem Krieg ein Montagewerk.

Durch die erste große Rezession in der US-Wirtschaft nach dem ersten Weltkrieg gingen die Neuwagenverkäufe aller Marken drastisch zurück. Auch GM verlor kräftig Geld und vor allem an Aktienwert, sodass Mister Durant praktisch über Nacht der größte Teil seines Vermögens zwischen den Fingern zerrann. Deshalb musste er 1920 abermals den Chefsessel bei GM räumen. Ein gewisser Alfred P. Sloan, ab 1923 Präsident, machte GM vollends zu dem, was es heute ist: ein Autoproduzent mit einem weltumspannenden Netz von Fabriken und mehreren hunderttausend Mitarbeitern.

Der 490er-Motor diente dann auch als Grundlage für die kommenden Modelle bis 1928, bei denen durch moderates Anheben der Leistung einerseits die Robustheit nicht leiden musste, andererseits den wachsenden Ansprüchen der Käuferschaft Rechnung getragen wurde. Die Literleistung wuchs nicht zuletzt durch die Einführung von verbleitem Kraftstoff ab etwa 1923 stetig an. Trotz fortlaufender Verbesserungen konnten die Vierzylinder-Chevys nie die Verkaufszahlen des T-Modells erreichen. So entschloss man sich in der Chefetage von GM, einen ebenso robusten wie laufruhigen Sechszylinder als Standardtriebwerk zu entwickeln.

Anfang 1929, also ein starkes Jahr, nachdem Henry Ford sein neues A-Modell vorgestellt hatte, das immer noch mit einem – wenn auch im direkten Vergleich mit dem T-Modell mehr als doppelt so starken – Vierzylindermotor daherkam, stahl der neue Chevy-Six dem Erzrivalen die Schau. Der Sechszylinder war nun auch für eine breite Öffentlichkeit erschwinglich geworden. Die Zulassungszahlen beider Marken kamen sich nun bereits sehr nahe. Zwar wurde der Aufwärtstrend durch die einsetzende Weltwirtschaftskrise ab Oktober 1929 stark abgebremst, doch den beiden größten Autoproduzenten der Welt konnte sie nicht wirklich etwas anhaben.

Noch kurz vor der großen Krise hatte GM-Präsident Alfred P. Sloan in weiser Voraussicht in Europa eingekauft und sich die Firmen Opel in Deutschland und Vauxhall im Vereinigten Königreich als Überseebasis gesichert. Fürderhin wurden die Modelle der beiden Europäer immer stärker »chevroletisiert« (sowohl technisch als auch das Design betreffend).

Trotz der wirtschaftlichen Flaute war Ford in der Lage, ab dem Modelljahr 1932 Chevrolet noch zu übertrumpfen, indem er einen billigen V8-Motor für viele Amerikaner in greifbare Nähe rücken ließ. Der neue Ford war mit anfänglich 65, bald schon bis zu 90 PS ein leichtes, langlebiges und spurtstarkes Auto für nahezu alle Zwecke.

Aber Chevrolet konnte sich mit seinem Reihensechser auf dem Markt sehr gut behaupten und in der Zulassungsstatistik von 1931 bis 1956 (außer 1935) teilweise sogar noch weit vor Ford in Führung gehen. Die modernere Technik machte es möglich. Eine ohv-Maschine konnte Ford erst ab Mitte der 50er-Jahre anbieten, eine vordere Einzelradaufhängung musste auch noch bis Ende der 40er-Jahre warten. Beides bot Chevrolet schon seit Anfang der 20er-, beziehungsweise Mitte der 30er-Jahre serienmäßig an. Zwar hatte das Dubonnet-Federknie (im Prospektjargon 1936 »Knee-Action« genannt) das Federverhalten weit in Richtung »weich« verlegt, konnte aber in puncto Straßenlage den Ansprüchen nicht ganz gerecht werden. Der leistungsmäßige Anschluss an Ford gelang erst 1941.

Im Jahre 1935 wurde erstmals die sogenannte Ganzstahlkarosserie beim teureren Chevrolet Master Deluxe eingeführt. Damit wurden die Karossen haltbarer und verwindungssteifer, insbesondere die Cabrios. Allerdings war immer noch der Lkw-ähnliche Leiterrahmen bei allen US-Herstellern üblich.

Im Jahre 1937 vertauschte Sloan seinen Präsidentenstuhl mit dem des Chairman, des Vorstandsvorsitzenden, den er nahezu 20 Jahre lang innehatte. Erst 1956 wurde er von Albert Bradley abgelöst. Damit lenkte dieser außergewöhnliche Mann die Geschicke von GM immerhin 33 Jahre lang.

Den marginalen Änderungen eines jeden Modelljahres in den 20ern standen die teilweise krassen Neuerungen in den 30ern entgegen. GM war die erste Autofirma, die schon in den 20er-Jahren eine eigene Designabteilung eingerichtet hatte. Die legendären Designer Harley Earl und sein 1946 eingesetzter Nachfolger William »Bill« Mitchell hatten bei nahezu allen GM-Serienmodellen ihre begnadeten Hände im Spiel. Earl gilt übrigens als Initiator des Heckflossenstylings bei Cadillac (1948), dem fast alle US-Marken in irgendeiner Weise folgten. Die Flossenmanie hielt bei Cadillac und Chrysler bis Mitte der 60er-Jahre an. Mitchell sagte einmal: »Die Leute mögen es eben, wie wir das Blech biegen«, als er auf die ausufernden Raketenheckflossen des 59er Cadillac angesprochen wurde.

Noch in den ersten Jahren des Zweiten Weltkrieges stellten die Detroiter Autohersteller innerhalb von zwölf Monaten weit mehr als drei Millionen Pkw her, der größte Teil kam von Chevrolet und Ford.

Im Modelljahr 1942 (ab September 1941), als sich die USA längst im Krieg mit den Achsenmächten und dann auch mit Japan befanden, konnten sich Privatleute nach wie vor neue Autos kaufen, allerdings nur bis zum 30. Januar 1942, denn nach diesem Termin wurde von Staats wegen die Auslieferung von Neufahrzeugen für zivile Zwecke verboten. Nur noch wenige tausend Pkw auf Basis der 42er-Modelle entstanden von Anfang 1942 bis Herbst 1945 für offizielle Stellen und die Militärs.

Eben für das 42er-Modell hatte sich Chevrolet besondere Mühe gegeben. Mit seinen Design-Features stand es dann natürlich Pate für die erste Nachkriegsgeneration der Styleline- und Fleetline-Varianten, welche selbstverständlich mit dem nun schon berühmten Sechszylindertriebwerk ausgerüstet waren, dem man später den Beinamen »Cast Iron Wonder« gab, zu Deutsch »das gusseiserne Wunder«.

Nach dem Krieg war auf der ganzen Welt alles anders geworden, außer in den USA. Die Amerikaner waren nach wie vor führend bei den Luxusgütern und dem Pro-Kopf-Verbrauch von Energie und Rohstoffen, auch die breite Masse hatte Anteil daran, was sich in den Zulassungsstatistiken widerspiegelte. Die Produktion von Automobilen erreichte ungeahnte Höhen und stieg von 1.815.000 Einheiten im Jahre 1946 auf über 7.160.000 Einheiten im Kalenderjahr 1955 – und es sollte noch weiter gehen, denn 1965 erreichte der Ausstoß fabrikneuer Pkw einen Stand von 9.250.000 Exemplaren. Den Rekord stellte das Jahr 1986 dar, in dem – inklusive Importen – über 11,4 Millionen Pkw verkauft wurden. Seither gingen die Verkaufszahlen stetig zurück, während diejenigen der Light Duty Trucks 1994 erstmals die Sechs-Millionen-Marke überstiegen.

Chevrolet partizipierte an diesem wachsenden Markt mit sehr großem Erfolg und war lange Zeit die meistverkaufte Automarke der Welt.

Im Jahre 1954 versuchte man, den steigenden Unfallzahlen und der Luftverschmutzung durch Straßenfahrzeuge mit einem generellen Geschwindigkeitslimit zu begegnen. Alle 50 Bundesstaaten machten mit, und seitdem durfte man auch außerorts in den USA nur noch mit höchstens 55 Meilen (das entsprach 88 km/h!) unterwegs sein. In letzter Zeit wurde dieses Limit wieder etwas gelockert, in einzelnen US-Staaten darf jetzt wieder bis zu 75 Meilen (120 km/h) gefahren werden.

Erst die langsam aufkommenden Gesetze zur Reinhaltung der Luft und die immer stärker werdende europäische und japanische Konkurrenz zwangen die auf ihren Lorbeeren ausruhenden Bosse in Detroit zum Umdenken. Ab dem Modelljahr 1971 mussten alle neuen Pkw unverbleiten Kraftstoff vertragen, und für 1972 stellte man auf die Angabe der Nettoleistung um, welche bis auf einen Fehler von 1,36 % der DIN-Leistung entspricht. Die Angaben in den Prospekten gingen deshalb drastisch zurück (siehe die technischen Daten in jedem Kapitel). Das führte dazu, dass ein serienmäßiges Chevy-Modell mit dem 4,1-Liter-Sechszylinder für 1973 nur noch mit ganzen 90 PS geführt wurde! Diese Leistung erwartete man in Europa schon von einem Standard-Pkw mit 1,9 Litern Hubraum.

Durch den Schock der ersten Energiekrise 1973 war bei der gesamten US-Autoindustrie »Downsizing« angesagt, was so viel heißt wie »Verkleinerung«, sprich: die Autos mussten kompakter werden, damit ihr unmäßiger Durst nachließe. Die Japaner machten es den Amis vor und traten in den 70er-Jahren zu ihrem weltweiten Siegeszug an. Detroit rief in Washington immer lauter nach »freiwilligen« Begrenzungen der japanischen Importe, welche nach zähen Verhandlungen auch von den

1953 entstand die Corvette-Karosserie in Handarbeit aus 46 einzelnen GFK (Glasfaserkunststoff)-Teilen. (Foto: © GM Media)

Regierungen beider Staaten vereinbart wurden. Die Motor City hatte noch einmal eine Verschnaufpause bekommen. Deshalb traf die zweite Energiekrise von 1978 besonders hart. So mancher Amerikaner musste seinen Sprit mit dem Reservekanister literweise von den weitgehend »trockenen« Tankstellen holen, ein Zustand, den sich bis dato niemand hatte vorstellen können.

Langsam stellten alle Hersteller von Vergaser- auf Einspritzmotoren um, doch in den USA war es keine Seltenheit, dass geregelte Katalysatoren an Vergasermotoren gepfropft wurden. Ab etwa 1972 tauchten die ersten Fahrzeuge mit ungeregeltem Kat auf, und spätestens ab dem Modelljahr 1983 mussten alle neuen Pkw (außer den Dieselmodellen) einen geregelten Kat aufweisen, da sie ansonsten die immer strenger werdenden Limits nicht eingehalten hätten.

Die »großen Drei« gingen fleißig Joint-Ventures mit den Japanern ein, Chrysler mit Mitsubishi, GM mit Toyota und Suzuki sowie Ford mit Mazda. Daraus entsprangen bei Chevrolet die Modelle Sprint, Nova, Spectrum, Metro, Prizm und Tracker, welche allesamt offizielle Modelle der beiden japanischen Hersteller mit Chevrolet-Emblemen darstellen.

Andererseits orientierten sich die Chevrolet-Stylisten wie auch ihre Kollegen in den anderen US-Divisions am Styling der Japaner, welche für fast zwei Jahrzehnte die Führung in dieser wichtigen Disziplin übernehmen sollten. Erst ab den beginnenden 90er-Jahren entstanden bei GM wieder vermehrt eigenständig gezeichnete Modelle wie der Chevrolet Impala oder der Camaro und vor allem die Corvette.

Durch die Verlagerung des Marktes auf die Klasse der sogenannten »Light Duty Trucks«, zu denen auch leichte Geländefahrzeuge gehören und natürlich die typischen Pick-ups, ging die Nachfrage nach den klassischen Modellen der Mittel- und Oberklasse drastisch zurück. Das Angebot ist deshalb heute nicht mehr so breit wie noch vor etwa 30 Jahren, als es eine unübersichtliche Zahl an Motor- und Ausstattungsvarianten zu kaufen gab. Gleichwohl sind die Ansprüche der Käufer ständig gestiegen und elektrische Fensterheber, Tempomat und Automatikgetriebe sind längst Standard geworden. Strenge Sicherheitsnormen haben geholfen, Unfallfolgen zu mildern. Neue Halogen-Scheinwerfersysteme haben ab 1983 die antiquierten Sealed-Beam-Lichter abgelöst. Die Abgasnormen sind jedoch lange auf dem Stand von 1983 stehen geblieben, erst im ersten Jahrzehnt des neuen Jahrtausends kam wieder »Bewegung« in die Gesetzgebung: man möchte die inzwischen weit vorgepreschten Europäer wieder einholen. Durch die unterschiedliche Limitierung der Personenwagen und der »Light Duty Trucks« hat man auch abgastechnisch ein Zwei-Klassensystem geschaffen, das quasi als Schlupfloch für die Industrie dient, da der Löwenanteil der Zulassungen inzwischen auf die zweite Kategorie entfällt.

Noch scheint in den USA der Slogan »Big is beautiful« zu gelten, denn mit großen Hubräumen - gerne auch über sechs Litern - protzen nicht nur Pick-Up-Trucks, sondern auch die Sportmodelle der drei Großen. Chrysler spielt mit dem Dodge Challenger Hellcat ganz vorne mit, genauso wie Ford mit dem Mustang Shelby GT 500. Bei Chevrolet gibt es den Camaro ZL1 und natürlich die Corvette C8, die jetzt Dank Mittelmotor-V8 endgültig bei den Supersportwagen mitmischt.

Dieser Chronik umfasst die Modelljahre der Corvette 1953 bis 2023, letztere ist gerade erst in Produktion gegangen. Für die Leistungsangaben wurde generell die althergebrachte Bezeichnung PS gewählt. Ein PS entspricht 0,735 Kilowatt, ein Kilowatt demnach 1,36 PS.

Der 1963er Modelljahrgang gilt als besonders begehrt, vor allem das Coupé mit geteilter Heckscheibe. (Foto: © GM Media)

Einführung in die acht Generationen der Corvette

Harmonie in Sport und Kunststoff: Die Corvette von1953 bis heute

Generation C1

Nach dem zweiten Weltkrieg konnten die Amerikaner gar nicht so viele Autos kaufen, wie sie brauchten. Die Importe, vor 1940 eine noch nicht nennenswerte Zahl, begannen zu wachsen. Vor allem die Engländer hatten dabei mehrere Trümpfe im Ärmel, denn die aus Europa zurückkehrenden GIs hatten auf ihren Flugbasen in Großbritannien die kleinen, wendigen Roadster der Briten schätzen gelernt und wollten zu Hause auch solche sportlichen Fahrzeuge pilotieren. Der Sportwagen war in den USA plötzlich gesellschaftsfähig geworden. Außerdem reifte eine neue Jugend heran, die noch freier und materieller orientiert aufwachsen sollte.

So kam es zu ersten Entwicklungen von Sportwagen in den US-Designstudios. Die dann zur Serienreife gebrachten Modelle hatten natürlich alle großvolumige Serienmotoren unter der Haube. Allen voran stand der Nash Healey, der aus der Zusammenarbeit des bekannten englischen Fahrers und Konstrukteurs Donald Healey mit Nash hervorging (1950), und der bereits 1949 in einzelnen Exemplaren gebaute Muntz Jet. Auch Kaiser tat sich als Sportwagenbauer hervor und brachte für 1954 seine Version eines Kunststoffautos namens Kaiser Darrin heraus, allerdings zu spät, um noch auf dem Markt bestehen zu können. Kurz darauf kam das Aus für die amerikanischen Kaiser, die fortan in Südamerika noch ein paar Jahre weitergebaut wurden.

Chevrolet nun darf für sich in Anspruch nehmen, mit der Corvette das erste echte Großserienfahrzeug mit Kunststoffkarosserie geschaffen zu haben. Die Väter waren Harley Earl (Design) und Zora Arkus-Duntov, der begnadete Ingenieur.

Bei der Herstellung war Handarbeit angesagt und es galt, Kinderkrankheiten auszumerzen. Doch im Januar 1953 war es dann endlich so weit: der sportlich flache Zweisitzer konnte der staunenden Fachpresse vorgestellt werden. Ab Juni erfolgte die

Vorstellung der Ur-Corvette im Januar 1953. (Foto: GM Media)

offizielle Einführung des Modells '53, von dem nur 300 Fahrzeuge verkauft wurden. Man hatte eigentlich mit einer Produktion von 1000 Fahrzeugen im Monat gerechnet. Die Corvette hatte ein Problem: Sie war zu schwach und dafür zu teuer. So machte man sich bei GM im Sommer 1955 bereits Gedanken über den Abgang der Corvette, da die Verkaufszahlen nicht den Erwartungen entsprachen. Doch letztendlich setzten sich die Befürworter der Modellreihe durch, der Reihen Sechszylinder wurde dank Zora Arkus-Duntov gestrichen und durch einen nagelneuen kurzhubigen V8 ersetzt. Das brachte die Corvette endlich auf Erfolgskurs!

Die bis in die 70er-Jahre in den USA üblichen jährlichen Modellwechsel blieben der Corvette nicht ganz erspart. Als große Änderungen sind zu verzeichnen: 1956 das flachere Heck sowie die seitlichen Luftauslässe, 1958 die Doppelscheinwerfer und 1961 wiederum ein anderes Heck, welches die nächste Generation schon ein wenig vorwegnahm. Immerhin erfreute diese erste Generation zehn Jahre lang das Herz der Kunden.

Generation C2

Auch für die Corvette änderte sich der Zeitgeschmack. Rassige Europäer überschwemmten den US-Markt seit den 50er-Jahren, und so sahen sich die GM-Entscheider gezwungen, ein radikal neues Modell zu schaffen, welches dann zum Modelljahr 1963 (ab September 1962) erhältlich war. Der Kunststoff wurde selbstverständlich als Karosseriewerkstoff beibehalten, doch die Form war sozusagen »intergalaktisch«. Mit seinen versenkbaren Scheinwerfern, welche vom 1936er Cord 810 »Coffin Nose« inspiriert worden waren, sowie der geteilten Heckscheibe und dem bis ins letzte Detail ausgefeilten Styling traf die Vette den Publikumsgeschmack punktgenau. Die Doppelflagge zierte das vordere Nasenende vor der Motorhaube, den Tankdeckel, der sich mittig unterhalb der Heckscheiben befand, sowie die muskulösen Flanken. Wegen dieser überaus attraktiven Attribute gelang es, die Verkaufszahlen innerhalb eines Jahres um etwa 50 Prozent zu erhöhen. Das war allerdings auch dem Umstand geschuldet, dass die Steifigkeit des Wagens durch den neuen, massiven Leiterrahmen merklich erhöht wurde und die Motorleistung während des PS-Rennens der 60er-Jahre ständig stieg. Als Modellpflegemaßnahme gab es nun sogar einen »Big Block«-Motor in der Corvette, welcher vorher den großen Standard-Size-Straßenkreuzern vorbehalten war.

Den Namenszusatz »Sting Ray« hatte die 63er Corvette von einem Einzelstück bekommen, das Bill Mitchell und Larry Shinoda aus einer ausgemusterten Corvette SS gebaut hatten.

Generation C3

Doch schon nach fünf Modelljahren war Schluss mit der Sting Ray. Für 1968 hatte man sich eine massive Anpassung an die neue Mode des Hüftschwungs einfallen lassen und präsentierte die dritte Generation der Corvette im sogenannten »Coke-Bottle-Style«. Wiederum hatte das Duo Mitchell/Shinoda einen absoluten Hingucker auf die Räder gestellt. Die Vette wirkte nun noch maskuliner und durch einen cleveren Styling-Trick konnte die flächige Seite schlank gehalten werden. Diese Wirkung erzielten die Designer durch eine Schwellerverkleidung, die den Hüftschwung der Karosserie spiegelte. Außerdem halfen tief positionierte Lüftungsschlitze die Seitenansicht aufzulockern. Der Kofferraum befand sich übrigens immer noch außen, nämlich in Form einer Gepäckbrücke auf dem Heck.

Größere Modellpflegen fanden statt im Modelljahr 1973, als die Corvette ihre vorderen Chromstoßfänger verlor und an deren Stelle eine wuchtige Kunststoffmaske trat, welche die neuen US-Sicherheits-Vorschriften erfüllte. Ein entsprechendes Heck kam dann ein Jahr später. Und 1978 wurde der komplette Bereich um die Heckscheibe umgestaltet. Das bisher senkrecht stehende Heckfenster wich einer riesigen Panoramascheibe.

Fast 16 Jahre dauerte die Produktion der Generation C3 (Herbst 1967 bis Anfang 1983), eine Zeit, die nur das Ford Model T in den USA mit insgesamt 19 Modelljahren jemals erreicht, beziehungsweise überschritten hatte.

Im Jahre 1975 wurde der mittlerweile legendäre Zora Arkus-Duntov von Dave McLellan als Chefingenieur für die Corvette abgelöst. Er starb am 21. April 1996. Die Urne mit seiner Asche befindet sich im National Corvette Museum in Bowling Green, Kentucky.

Generation C4

Da die C3 bis Anfang 1983 hergestellt wurde, gab es kein eigentliches 83er-Modell, weshalb schon im März 1983 mit der vierten Corvette-Generation das Modelljahr '84 begann. Dank vertrauter Merkmale wie Klappscheinwerfer, vier Rückleuchten und kuppelartiger Heckscheibe erkannte jeder Fan auch die neue Ausgabe von Amerikas einzigem Sportwagen auf Anhieb. »Clean Styling« hielt Einzug, der c_W-Wert konnte massiv um 25 Prozent auf nur noch 0,34 reduziert werden, wozu auch das glattflächige Felgendesign beitrug. Moderne 50er Niederquerschnittreifen, die Straßenlage eines Go-Karts und die bahnbrechende Kunststoff-Querblattfeder schufen wiederum eine Ikone amerikanischen Automobilbaus. Die ZR-1-Motorisierung ab 1990 (vorgestellt in Genf im März 1989) katapultierte die Corvette mit ihren 380 PS und einer Höchstgeschwindigkeit von über 280 km/h auf Anhieb in die Kategorie der schnellsten Sportwagen. Ein zeitgenössischer Porsche Turbo lief mit 320 PS »nur« 270 km/h, und ein Ferrari Testarossa war in Leistung und Geschwindigkeit ziemlich gleichwertig. Preislich blieb sie dabei etwa 70.000 DM unter dem Ferrari und bewegte sich in der Region des Porsche Turbo. Immerhin dreizehneinhalb Modelljahre lang behielt die C4 ihre Aktualität.

Generation C5

Im Januar 1997 stellt Chevrolet seine fünfte Corvette-Generation auf der Detroit Auto Show sowie gleichzeitig auch auf der Show von Los Angeles vor. Durch das Vorbeischrammen an der Zahlungsunfähigkeit des gesamten GM-Konzerns hatte sich die Vorstellung jedoch vom ursprünglich für 1993 geplanten Termin um satte vier Jahre verschoben. Die normalen Autos von Chevrolet fanden in den 90er-Jahren nicht mehr so selbstverständlich viele Kunden wie erwartet. Mehrmals mussten McLellan und seine Mitstreiter in der Corvette-Division um den Erhalt des Modells kämpfen, doch nun war es endlich so weit: die schnellste, niedrigste und genügsamste Corvette seit ihrer Erfindung im Jahr 1953 erblickte das Licht der Automobilwelt.

Neben dem nagelneuen 350er-V8 der dritten Generation wartete die Neue mit einem vor der Hinterachse platzierten Automatik-Getriebe (Transaxle-Prinzip) auf, um die Insassen mit noch mehr Raum zu verwöhnen und vor allem ein noch ausgewogeneres Fahrverhalten zu bieten.

Im Jahre 2003 konnte bereits das 50-jährige Jubiläum der Corvette gefeiert werden mit der stolzen Anzahl von 1.250.000 verkauften Exemplaren seit Beginn der Modellreihe.

Einführung in die acht Generationen der Corvette

Generation C6

Wie macht man einen großartigen Sportwagen noch besser? Man bringt einfach eine neue Generation auf den Markt, welche zahlreiche Änderungen und Verbesserungen spendiert bekommt. Ein kantigeres Gesicht, ein neuer Motor mit vollen sechs Litern Hubraum sowie vorn mit 18- und hinten mit 19-Zoll-Bereifung machten die C6 noch spurtstärker und windschlüpfiger, zudem verbesserte sich noch ihr Geradeauslauf.

Die Über-Corvette Z06 setzte mit ihren sieben Litern Hubraum und über 500 PS noch eins drauf. Damit konnte sie sich mit einer Topspeed von etwa 310 km/h mit den Ferarris und dem Porsche 911 Turbo messen. Die Beschleunigung von 0 auf 100 km/h erledigte dieses Geschoss in weniger als vier Sekunden.

Auf ein liebgewonnenes Feature mussten Corvette-Fans von nun an jedoch verzichten. Die berühmten Klappscheinwerfer gehörten ab sofort der Vergangenheit an. Vorgestellt wurde die C6 bereits im Januar 2004, das Cabrio folgte im Frühjahr 2005.

Generation C7

Im Herbst 2013 kam die siebte Generation auf den Markt, welche alles bisher Dagewesene nochmals überbot. Vor dem Hintergrund der sich ständig verschärfenden Verbrauchslimits hatten die Ingenieure dem 6,2-Liter-V8 mit nun 455 PS ein sehr genügsames Verhalten anerzogen - dank der Zylinderabschaltung AFM (Active Fuel Management), die bei niedriger Motorlast vier der acht Kolben leer mitlaufen lässt. Trotzdem erreichte schon die Standard-Corvette die 300 km/h-Grenze. Die 2015 erschienene Z06-Version leistete 659 PS und protzte mit einem Drehmoment von über 880 Newtonmetern.

Das Styling wurde nochmals geschärft, stark konturierte Seiten standen im Einklang mit dem ausgeprägten Frontspoiler und den weit nach hinten gezogenen Scheinwerferanlagen. Eine Reminiszenz an die 63er-Corvette stellte der zentrale Lufteinlass in der Mitte der Motorhaube dar, der von zwei weiteren Einlässen auf den »Schultern« hinter den Türen flankiert wurde. Zum ersten Mal gab es kleine hintere Seitenfenster und wieder einen deutlich konturierten Heckspoiler.

Generation C8

In Abkehr von allem, was bisher eine Corvette auszeichnete, nämlich Frontmotor und Heckantrieb, schufen die Verantwortlichen bei Chevrolet eine völlig neue Corvette mit Mittelmotoranordnung hinter den beiden Sitzen. Zwar nach wie vor mit Heckantrieb, doch ansonsten mit unzähligen Neuerungen. Knapp 500 PS leistete die Neue zum Auftakt, die wieder mit dem traditionsreichen Namen »Stingray« bedacht wurde. Sie wurde im Juli 2019 als Coupé-Variante vorgestellt, die Cabrio-Variante präsentierte man im Oktober 2019.

Streiks und Covid-19 verzögerten die Produktionsaufnahme noch bis Herbst 2020. Ein Jahr später kam in den USA das erwartete, breitere und 670 PS starke Z06-Modell hinzu, dessen Produktion im Sommer 2022 begann.

Acht Generationen Corvette und acht legendäre Designs aus sieben Jahrzehnten. (Foto: © GM Media)

1953

Wie der viel teurere Cadillac Eldorado besaß auch die neue Corvette eine Windschutzscheibe in Panoramabauart, verfügte dafür aber über keine Seitenscheiben. Der »Blue Flame« Chevrolet-Sechszylindermotor wurde mit gleich drei Carter-Flachstromvergasern und einzelnen »Bullet-Type«-Luftfiltern ausgerüstet und leistete immerhin 150 SAE-PS. Daran angeflanscht war grundsätzlich die Zweigang-Powerglide-Automatik. Das Triebwerk musste niedriger bauen als in den Limousinen, damit er unter die flache Motorhaube der kompakten Corvette passte (seitliche Luftfilter, abgeflachter Ventildeckel vorn).

Die Antenne war in die Glasfaserstruktur des Kofferraumbereichs eingelassen. Das hintere Kennzeichen wurde von einer Plexiglasscheibe geschützt. Die vorderen Scheinwerfer trugen serienmäßig Steinschlagschutzgitter, inspiriert von den Rennwagen der damaligen Zeit. Die Kunststoff-Karosserie saß auf einem kräftigen X-Rahmen.

Der Grundpreis von 2774 Dollar war reine Augenwischerei, denn Heizung und Radio waren zwar als Zubehör gelistet, wur-

Modelljahr 1953	
Motor	6 Zylinder in Reihe
Bohrung/Hub (mm)	90,48 x 100,01
Hubraum (cm3)	3859
Hubraum (CID)	235,5
Leistung (PS/kW-/min)	155/110-4200
Verdichtung	8,0:1
Ventilsteuerung	OHV, seitliche Nockenwelle
Gemischaufbereitung	3 Flachstrom-Vergaser Carter Typ YH
Getriebe	Zweigang-Automatikgetriebe »Powerglide«
Bereifung	6.70-15
Bremsanlage	Hydraulische Einkreis-Trommelbremse
Radstand (mm)	2591
L x B x H (mm)	4250 x 1830 x 1220
Leergewicht trocken (kg)	1230
Höchstgeschw. (km/h)	160
Stückzahl	3640 Exemplare
Preis in Dollar	2774
Weitere Motoren	Keine
Weitere Getriebe	Keine

Alle 300 Stück der 1953 gefertigten Corvette trugen ein poloweißes Lackkleid und eine rote Innenausstattung. (Foto: © GM Media)

Für die 53er Corvette gab Chevrolet eine Viertelmeile-Zeit von 17,9 Sekunden bei 123 km/h an. (Foto: © GM Media)

den aber grundsätzlich in alle 53er-Corvette eingebaut. Damit erhöhte sich der Preis auf 3734,55 Dollar für die einheitlich weißen Wagen. Als Standard-Ausrüstung bekam der Käufer sogar Weißwand-Reifen und einen Drehzahlmesser mitgeliefert. Das 6-Volt-System und die Unterdruck-Wischer hatte die Corvette von den Chevrolet-Limousinen übernommen.

Großer Kritikpunkt damals: Steckscheiben und das einfache Verdeck boten nur ungenügend Wetterschutz. (Foto: © GM Media)

1954

Für das Modelljahr 1954 änderte sich kaum etwas. Neben Polo-Weiß standen jetzt zusätzlich drei neue Farben (Pennant-Blau, Sportsman-Rot und Schwarz) zur Auswahl. Frühe Modelle wurden noch mit den drei Einzelluftfiltern ausgeliefert, spätere bekamen ein gemeinsames Ansaugrohr mit zwei Luftfiltergehäusen, um Vergaserbrände zu verhindern. Der Motor wurde mitten im Modelljahr durch eine geringfügig schärfere Nockenwelle in der Leistung um fünf Pferdestärken angehoben, die Höchstgeschwindigkeit betrug knapp 160 km/h. Als Zubehör waren unter anderem Weißwandreifen, eine Heizung sowie eine Scheibenwischwasch-Anlage erhältlich – zumindest auf dem Papier. Praktisch hatte jede 1954er Corvette alle Optionen ab Werk verbaut, was zu einem »Basispreis« von 3254 Dollar führte. Die Produktion verzehnfachte sich auf 3630 Einheiten.

Modelljahr 1954	
Motor	6 Zylinder in Reihe
Bohrung/Hub (mm)	90,48 x 100,01
Hubraum (cm3)	3859
Hubraum (CID)	235,5
Leistung (PS/kW-/min)	155/110-4200
Verdichtung	8,0:1
Ventilsteuerung	OHV, seitliche Nockenwelle
Gemischaufbereitung	3 Flachstrom-Vergaser Carter Typ YH
Getriebe	Zweigang-Automatikgetriebe »Powerglide«
Bereifung	6.70-15
Bremsanlage	Hydraulische Einkreis-Trommelbremse
Radstand (mm)	2591
L x B x H (mm)	4250 x 1830 x 1220
Leergewicht trocken (kg)	1230
Höchstgeschw. (km/h)	160
Stückzahl	3640 Exemplare
Preis in Dollar	2774
Weitere Motoren	Keine
Weitere Getriebe	Keine

Auch 1954 wurde die 2-Gang-Automatik als Option gelistet, obwohl kein manuelles Getriebe erhältlich war. (Foto: © GM Media)

1955

Enttäuschende 700 Exemplare verließen im dritten Modelljahr das Werk, obwohl der neu eingeführte und beliebte V8 nur 135 Dollar mehr als die Sechszylinder-Maschine kostete. Letztmals wurden 1955 seitliche Steckscheiben und Röhrenradios verbaut. Als weitere Farben standen Corvette-Kupfer und Harvest-Gold in der Liste, Schwarz entfiel.

An der Karosserie gab es keine Änderungen. Der nur noch in sieben Exemplaren verwendete Reihensechszylinder leistete immer noch 155 PS bei 4200/min und behielt die bisherige 6-Volt-Elektrik bei. Die überwältigende Mehrheit der Corvette hatte jedoch den neuen V8-Motor und die 12-Volt-Elektrik unter der Haube. Der neue Achtzylinder war ganz auf der Höhe der Zeit. Zwar noch mit Seitensteuerung und zentraler Nockenwelle, jedoch mit ohv-Ventilen bestückt, lieferte er den Grundstock für alle kommenden und auch heute noch gebauten Chevy-Small-Block-V8-Motoren. Gesunde 4,3 Liter groß und für eine Leistung von anfänglich 162 SAE-PS in der Limousinen-Version gut, leistete er in der Corvette satte 195 SAE-PS, was dieser zu 188 km/h Höchstgeschwindigkeit verhalf.

Die Aufpreisliste enthielt wieder viele Pflichtpositionen, um den Grundpreis niedrig zu halten, die tatsächlich aber nicht frei wählbar waren. Wirklich optional war nur die Getriebevariante - 3-Gang-Handschaltung oder 2-Gang-Automatik. Vom Werk wurden keine Hardtops angeboten, doch gab es einige Zubehörhersteller, die solche liefern konnten.

Erzkonkurrent Ford verblüffte im selben Jahr die Fachwelt mit seinem neuen Thunderbird, einem ebenfalls sportlichen Zweisitzer, der allerdings mit einer herkömmlichen Blechkarosserie aufwartete. Die ersten drei Jahre (1955 bis 1957) war er der erfolgreiche Gegenspieler der Corvette. Der Thunderbird verkaufte sich wesentlich besser, allein im Jahr 1955 bereits über 16.000 Stück.

Modelljahr 1955	
Motor	V8
Bohrung/Hub (mm)	95,25 x 76,2
Hubraum (cm3)	4343
Hubraum (CID)	265
Leistung (PS/kW-/min)	195/143-5000
Verdichtung	9,25:1
Ventilsteuerung	OHV, zentrale Nockenwelle
Gemischaufbereitung	1 Carter-Vierfachvergaser Typ WCFB
Getriebe	Dreigang-Schaltgetriebe
Bereifung	6.70-15
Bremsanlage	Hydraulische Einkreis-Trommelbremse
Radstand (mm)	2591
L x B x H (mm)	4250 x 1830 x 1220
Leergewicht trocken (kg)	1191
Höchstgeschw. (km/h)	188
Stückzahl	700 Exemplare
Preis in Dollar	2909
Weitere Motoren	Reihensechszylinder wie 1954 (- $ 135)
Weitere Getriebe	Zweigang-Automatik »Powerglide«

Doch nachdem sich die Ford-Chefetage dazu entschlossen hatte, die Thunderbird-Idee mit einem schwülstigen und schweren Viersitzer zu verwässern und sich damit einer anderen Käufergruppe zu widmen, gelang der Chevrolet Corvette der endgültige Durchbruch.

1955 war die Corvette in fünf verschiedenen Farben erhältlich. (Foto: © GM Media)

1956

Deutliche Karosserieänderungen prägen das 1956er Modell. Das Design der »zweiten Generation« wirkt durch die nun stehenden Scheinwerfer, die seitlich eingezogenen Flanken mit optionaler farblicher Absetzung und das rundere Heck männlicher und moderner. Der Sechszylinder figurierte nicht mehr im Programm. Eine Leistungserhöhung auf 210 PS bei 5200/min ließ die Corvette mit einem Verdichtungsverhältnis von 9,25:1 noch besser beschleunigen: von 0 auf 96 km/h in 7,3 Sekunden.

Die Motoren mit zwei Vierfach-Vergaser (4 BBL) konnten nur mit der manuellen Schaltbox geordert werden.

Als Zubehör gab es neu einen hydraulischen Verdeckmechanismus, zwei Vierfachvergaser mit 225 PS, zusätzlich eine scharfe Nockenwelle (plus 15 PS), elektrische Fensterheber, ein Werks-Hardtop (200 Dollar), ein neues Transistorradio sowie erstmals verstellbare Sitze und Sicherheits(becken)gurten. Der Tankinhalt wuchs auf 65 Liter.

Modelljahr 1956	
Motor	V8
Bohrung/Hub (mm)	95,25 x 76,2
Hubraum (cm3)	4343
Hubraum (CID)	265
Leistung (PS/kW-/min)	210/154-5200
Verdichtung	9,25:1
Ventilsteuerung	OHV, zentrale Nockenwelle
Gemischaufbereitung	1 Carter-Vierfachvergaser Typ WCFB
Getriebe	Dreigang-Schaltgetriebe
Bereifung	6.70-15
Bremsanlage	Hydraulische Einkreis-Trommelbremse
Radstand (mm)	2591
L x B x H (mm)	4270 x 1790 x 1300
Leergewicht trocken (kg)	1230
Höchstgeschw. (km/h)	185
Stückzahl	3467
Preis in Dollar	2900 (Hardtop $ 200 extra)
Weitere Motoren	V8-4,3-Liter, 225 oder 240 PS (2x4 BBL)
Weitere Getriebe	Zweigang-Automatik »Powerglide« ($ 188)

1956 erfuhr die Corvette ihr erstes Facelift: Keine Heckflossen mehr, Einzüge in den Flanken, stehende Scheinwerfer. (Foto: © GM Media)

1957

Im Modelljahr 1957 war vom Design her alles beim Alten geblieben. Mit dem Übergang zum neuen, größeren 283er-Motor (4,6 Liter Hubraum), erstmals wahlweise mit Rochester-Benzineinspritzung, konnten bis zu 283 PS (erstmals ein PS pro CID) realisiert werden. Die Leistungsstufen sahen so aus: Standard 220 PS (1x4 BBL), mit den Optionen 245, beziehungsweise 270 PS (jeweils zwei Vierfachvergaser) oder die »Ramjet«-Einspritzer mit 259 PS respektive 283 PS (mit einer Verdichtung von 10,5:1, nur 43 Exemplare). Die Fertigung der Einspritzmotoren lief jedoch nur zaghaft an. Die zwei Ausführungen mit 283 PS wurden wahlweise mit Renn-Nockenwelle oder aber mit »Cold Air Induction« angeboten.

Ein neues Viergang-Schaltgetriebe war im Angebot, die Automatik gab es nur für die Standard-Versionen (220 und 250 PS). Die Höchstgeschwindigkeit konnte mittels geeigneter Übersetzung auf 212 km/h hochgeschraubt werden.

Mit weit über 6000 Einheiten setzte die Corvette nun endgültig zu ihrem bis heute anhaltenden Erfolg an.

Modelljahr 1957	
Motor	V8
Bohrung/Hub (mm)	98,425 x 76,2
Hubraum (cm³)	4638
Hubraum (CID)	283
Leistung (PS/kW-/min)	220/162-4800
Verdichtung	9,5:1
Ventilsteuerung	OHV, zentrale Nockenwelle
Gemischaufbereitung	1 Carter-Vierfachvergaser Typ WCFB
Getriebe	Dreigang-Schaltgetriebe
Bereifung	6.70-15
Bremsanlage	Hydraulische Einkreis-Trommelbremse
Radstand (mm)	2591
L x B x H (mm)	4270 x 1790 x 1300
Leergewicht trocken (kg)	1240
Höchstgeschw. (km/h)	185
Stückzahl	6339 (davon 1040 mit FI)
Preis in Dollar	3176 (Hardtop $ 200 extra)
Weitere Motoren	V8-4,7-Liter, 245 oder 270 PS (2x4 BBL); V8-4,7-Liter, 259 oder 283 PS (FI)
Weitere Getriebe	Zweigang-Automatik »Powerglide« ($ 175); Viergang-Schaltgetriebe ($ 175)

Äußerlich unverändert, gab es die 57er Corvette erstmals mit mechanischer »Ramjet«-Benzineinspritzung. (Foto: © GM Media)

1958

Zweite Modellpflege mit Doppelscheinwerfern, zwei nicht funktionsfähigen Lufteinlässen auf den Seiten des - neunfach (vorher 13-fach) - gezahnten Kühlergrills, zwei verchromten Zierleisten längs des Kofferdeckels sowie komplett neuem Armaturenbrett. Die Motorhaube bekam zwei Powerdomes spendiert und die Stoßstangen waren jetzt fest mit dem Rahmen verbunden. Die massivere Optik resultierte nicht nur aus den neuen Designelementen, sondern auch aus tatsächlich größeren Abmessungen. Chevrolet ging 1958 auch zu Acryllacken über, vorher wurden fast immer Nitrolacke verwendet (außer bei Inca-Silber).

Für 140 Dollar konnte man ein sich automatisch faltendes Verdeck bestellen. Heavy-Duty-Bremsen und -Federung kosteten satte 780 Dollar Aufpreis. Das Viergang-Schaltgetriebe war teurer als die Automatik.

Die stärkste Version mit 290 PS erreichte die 100-km/h-Marke in sagenhaften 6,9 Sekunden. Immerhin elf Prozent der 58er Corvette waren damit bestückt. Die Diagonalreifen wurden jetzt auf 5,5-Zoll breite Stahlfelgen gezogen.

Modelljahr 1958	
Motor	V8
Bohrung/Hub (mm)	98,425 x 76,2
Hubraum (cm³)	4638
Hubraum (CID)	283
Leistung (PS/kW-/min)	230/169-4800
Verdichtung	9,5:1
Ventilsteuerung	OHV, zentrale Nockenwelle
Gemischaufbereitung	1 Carter-Vierfachvergaser Typ WCFB
Getriebe	Dreigang-Schaltgetriebe
Bereifung	6.70-15
Bremsanlage	Hydraulische Einkreis-Trommelbremse
Radstand (mm)	2591
L x B x H (mm)	4495 x 1848 x 1298
Leergewicht trocken (kg)	1282
Höchstgeschw. (km/h)	185
Stückzahl	9168 (davon 1500 mit FI)
Preis in Dollar	3591 (Hardtop $ 215 extra)
Weitere Motoren	V8-4,7-Liter, 245 oder 270 PS (2x4 BBL); V8-4,7-Liter, 250 oder 290 PS (FI)
Weitere Getriebe	Zweigang-Automatik »Powerglide« ($ 188); Viergang-Schaltgetriebe ($ 215)

Doppelscheinwerfer und darunter liegende (nicht funktionale) Grill-Erweiterungen gab es für die 58er Corvette. (Foto: © GM Media)

1959

Nach den größeren Änderungen im Jahr zuvor war die Corvette für 1959 äußerlich beinahe unverändert geblieben, lediglich die zwei Zierleisten auf dem Kofferraumdeckel und die falschen Luftschlitze auf der Haube entfielen. Auch das Motoren- und Getriebeangebot war vom vorigen Modelljahr übernommen worden. Die stärkeren Triebwerke bekamen einen Zylinderkopfdeckel aus Aluguss mit sieben Rippen.

Zusätzlich zum bisherigen Zubehör offerierte man spezielle Sintermetallbremsen (27 Dollar Aufpreis) und Sonnenblenden (11 Dollar extra) sowie ein Handschuhfach. Zum ersten Mal war eine komplett schwarze Innenausstattung und - zum einzigen Mal - ein türkisfarbenes Verdeck lieferbar.

Die Ganghebel der manuellen Getriebe bekamen eine T-förmige Rückwärtsgangsperre, Türgriffe und Armlehnen wurden neu positioniert.

Bei einem Grundpreis von 3875 Dollar verließen über 9000 Fahrzeuge die Werkshallen. Es war das letzte Mal, in dem ein Corvette-Jahrgang unter 10.000 Einheiten verkaufte.

Modelljahr 1959	
Motor	V8
Bohrung/Hub (mm)	98,425 x 76,2
Hubraum (cm³)	4638
Hubraum (CID)	283
Leistung (PS/kW-/min)	230/169-4800
Verdichtung	9,5:1
Ventilsteuerung	OHV, zentrale Nockenwelle
Gemischaufbereitung	1 Carter-Vierfachvergaser Typ WCFB
Getriebe	Dreigang-Schaltgetriebe
Bereifung	6.70-15
Bremsanlage	Hydraulische Einkreis-Trommelbremse
Radstand (mm)	2591
L x B x H (mm)	4495 x 1848 x 1298
Leergewicht trocken (kg)	1282
Höchstgeschw. (km/h)	185
Stückzahl	9670
Preis in Dollar	3875 (Hardtop $ 236 extra)
Weitere Motoren	V8-4,7-Liter, 245 oder 270 PS (2x4 BBL); V8-4,7-Liter, 250 oder 290 PS (FI)
Weitere Getriebe	Zweigang-Automatik »Powerglide« ($ 199); Viergang-Schaltgetriebe ($ 188)

1959 verließen genau 9670 Corvette das Werk in St. Louis, Missouri. (Foto: © GM Media)

1960

Zaghaft begann der Export, in der Schweiz wurde die Corvette jetzt zum ersten Mal überhaupt verkauft, und zwar für 31.100 Schweizer Franken.

Für 1960 wurde bei den 283er-Maschinen mit Einspritzung die Leistung nochmals angehoben, in der stärksten Version erreichte sie nun stattliche 315 SAE-PS. Die Einspritzer-Motoren hatten jetzt eine überaus hohe Verdichtung von 11:1 vorzuweisen. Das Automatikgetriebe war ausschließlich für die 230- und 245-PS-Motoren vorgesehen, da sie das Drehmoment der stärkeren Varianten nicht verkrafteten. Nur 1765 Käufer entschieden sich bei eben jenen Einsteiger-Modellen für die alte »Powerglide«-Automatik.

Kurzzeitig wurden auch Aluminium-Zylinderköpfe angeboten, aber nach thermischen Problemen wieder vom Markt genommen. Alu-Kühler standen ebenfalls erstmals in der Aufpreisliste für Motoren mit der 1956 eingeführten scharfen Nockenwelle, nach ihrem Entwickler »Duntov Cam« genannt.

Weitere optionale Neuheiten: ein temperaturgesteuerter Kühlerlüfter und ein 24-Gallonen-Tank (91 Liter).

Modelljahr 1960	
Motor	V8
Bohrung/Hub (mm)	98,425 x 76,2
Hubraum (cm³)	4638
Hubraum (CID)	283
Leistung (PS/kW-/min)	230/169-4800
Verdichtung	9,5:1
Ventilsteuerung	OHV, zentrale Nockenwelle
Gemischaufbereitung	1 Carter-Vierfachvergaser Typ WCFB
Getriebe	Dreigang-Schaltgetriebe
Bereifung	6.70-15
Bremsanlage	Hydraulische Einkreis-Trommelbremse
Radstand (mm)	2591
L x B x H (mm)	4495 x 1848 x 1298
Leergewicht trocken (kg)	1282
Höchstgeschw. (km/h)	185
Stückzahl	10.261
Preis in Dollar	3872 (Hardtop $ 236 extra)
Weitere Motoren	V8-4,7-Liter, 245 oder 270 PS (2x4 BBL); V8-4,7-Liter, 275 oder 315 PS (FI)
Weitere Getriebe	Zweigang-Automatik »Powerglide« ($ 199); Viergang-Schaltgetriebe ($ 188)

1960 waren die seitlichen Einzüge in Wagenfarbe oder optional in Ermine-Weiß oder Sateen-Silber lackiert. (Foto: © GM Media)

1961

Weder bei den Motoren noch bei den Getrieben änderte sich für 1961 etwas. Einige vormalige Optionen wie Alu-Kühler, Sonnenblenden sowie die Wisch- Wasch-Funktion der Frontscheibe waren jetzt allerdings Serie.

Vor allem an der äußeren Erscheinung gab es deutliche Neuerungen. Das Kühler-»Maul« zierte jetzt ein Gitter statt der bisherigen »Zähne« und die Gestaltung des Hecks stammte fast eins zu eins von Bill Mitchells 1960er Stingray-Rennwagen, beziehungsweise dem XP-700 Show Car. Zwei kurze Stoßstangenblätter schützten die Karosserie und fassten einen verchromten, offenen Rahmen ein, in dem das Nummernschild Platz fand. Darüber thronten vier runde Schlusslichter. Diese Leuchten-Konfiguration sollte von nun an jedes Corvette-Heck in der ein oder anderen Form schmücken.

Letztmals wurden die aus der Mode kommenden breiten Weißwand-Reifen als Zubehör ab Werk angeboten und auch die Zweifarb-Lackierung hatte ihren letzten Auftritt. Nicht anders erging es dem 283-CID-Motor, der der Corvette zu ihrer Beliebtheit verholfen hatte, nun aber abdankte.

Modelljahr 1961	
Motor	V8
Bohrung/Hub (mm)	98,425 x 76,2
Hubraum (cm³)	4638
Hubraum (CID)	283
Leistung (PS/kW-/min)	230/169-4800
Verdichtung	9,5:1
Ventilsteuerung	OHV, zentrale Nockenwelle
Gemischaufbereitung	1 Carter-Vierfachvergaser Typ WCFB
Getriebe	Dreigang-Schaltgetriebe
Bereifung	6.70-15
Bremsanlage	Hydraulische Einkreis-Trommelbremse
Radstand (mm)	2591
L x B x H (mm)	4495 x 1790 x 1330
Leergewicht trocken (kg)	1321
Höchstgeschw. (km/h)	185
Stückzahl	10.931
Preis in Dollar	3934 (Hardtop $ 236 extra)
Weitere Motoren	V8-4,7-Liter, 245 oder 270 PS (2x4 BBL); V8-4,7-Liter, 275 oder 315 PS (FI)
Weitere Getriebe	Zweigang-Automatik »Powerglide« ($ 199); Viergang-Schaltgetriebe ($ 188)

Der 61er Jahrgang verlor die »Zähne« im Grill und bekam ein kantiger geformtes Heck. (Foto: © GM Media)

1962

Das letzte Modell aus der ersten Corvette-Generation fand mit über 14.000 verkauften Exemplaren reißenden Absatz. Das Styling war gegenüber den 61er-Modellen gleichgeblieben, doch der Übergang zur neuen 327er-Maschine (5,4-Liter) war ein wichtiger Schritt hin zu noch mehr Leistung und haltbareren Motoren. Auch die neue Maschine war wieder mit Vergasern oder der bekannten Einspritzung zu haben, die stärkste Variante leistete nun 360 PS bei einem Verdichtungsverhältnis von 11,25:1 und beschleunigte in 5,9 Sekunden von 0 auf 100 Stundenkilometer. Die Topspeed betrug 215 km/h. Die stärkeren Vergaser-Motoren hatten jetzt nur noch einen einzigen Vierfachvergaser, jedoch den großen Carter AFB.

Die seitlichen Karosserieeinzüge waren nicht länger mit einer verchromten Einfassung abgesetzt, dafür gab es eloxierte Schwellerverkleidungen aus Aluminium. Interessantes Detail: Die mit schmalen Weißwandreifen ausgelieferten Fahrzeuge bekamen schwarz lackierte Felgen, die mit Standardreifen wurden in der jeweiligen Wagenfarbe lackiert.

Modelljahr 1962	
Motor	V8
Bohrung/Hub (mm)	101,6 x 82,55
Hubraum (cm^3)	5354
Hubraum (CID)	327
Leistung (PS/kW-/min)	250/184-4400
Verdichtung	10,5:1
Ventilsteuerung	OHV, zentrale Nockenwelle
Gemischaufbereitung	1 Carter-Vierfachvergaser Typ WCFB
Getriebe	Dreigang-Schaltgetriebe
Bereifung	6.70-15
Bremsanlage	Hydraulische Einkreis-Trommelbremse
Radstand (mm)	2591
L x B x H (mm)	4495 x 1790 x 1330
Leergewicht trocken (kg)	1321
Höchstgeschw. (km/h)	190
Stückzahl	14.531
Preis in Dollar	4038 (Hardtop $ 236 extra)
Weitere Motoren	V8-5,4-Liter, 300 oder 340 PS (1x4 BBL); V8-5,4-Liter, 360 PS (FI)
Weitere Getriebe	Zweigang-Automatik »Powerglide« ($ 199); Viergang-Schaltgetriebe ($ 188)

1962 verlor die Corvette die Zierrahmen um die seitlichen Karosserieeinzüge. (Foto: © Archiv Gerst)

Ein Merkmal des 62er Modells waren die eloxierten Schwellerverkleidungen aus Aluminium. (Foto: © Archiv Gerst)

1962 - in ihrem letzten Jahr - bekam die C1 noch den brandneuen 327-CID-Motor. (Foto: © Archiv Gerst)

1963

Die C2, die zweite Generation der Corvette, betrat 1963 die internationale Bühne. Chevrolet schuf mit dem völlig neuen Design wieder einen echten Traumwagen. Das Modell »Sting Ray« gab es erstmals auch als Coupé. Das nur ein Jahr gebaute »Split-Window«, die geteilte Heckscheibe, ist heute sehr begehrt. Mit den versenkbaren Scheinwerfern, Kühlluftattrappen auf der Motorhaube und je zwei angedeuteten seitliche Lufteinlässen stahl die zweite Corvette-Generation jedem anderen Modell die Show. Und das, obwohl die bewährten Motoren ebenso wie das Standard-Dreigang-Getriebe von der Corvette C1 übernommen worden waren.

Einen von außen zugänglichen Kofferraum suchte man bei dem neuen Modell vergeblich, das trotz eines um zehn Zentimeter verkürzten Chassis in der Länge praktisch gleich blieb.

Als neues Zubehör glänzten Air Condition (422 Dollar), Tinted Glass, Servobremse, Servolenkung (75 Dollar Aufpreis) sowie ein 36 Gallonen (136-Liter) fassender Tank. Auch Rückfahrscheinwerfer, neue AM-FM-Radios waren bestellbar. Zum ersten Mal gab es optional Leichtmetall-Räder. Die von Kelsey Hayes gefertigten Felgen verfügten über feine Rippen, Zentralver-

Modelljahr 1963	
Motor	V8
Bohrung/Hub (mm)	101,6 x 82,55
Hubraum (cm³)	5354
Hubraum (CID)	327
Leistung (PS/kW-/min)	250/184-4400
Verdichtung	10,5:1
Ventilsteuerung	OHV, zentrale Nockenwelle
Gemischaufbereitung	1 Carter-Vierfachvergaser Typ WCFB
Getriebe	Dreigang-Schaltgetriebe
Bereifung	6.70-15
Bremsanlage	Hydraulische Einkreis-Trommelbremse
Radstand (mm)	2489
L x B x H (mm)	4450 x 1770 x 1260
Leergewicht trocken (kg)	ab 1300
Höchstgeschw. (km/h)	190
Stückzahl	10.594 (Coupé); 10.919 (Cabrio)
Preis in DM	31.400 (Coupé); 31.600 (Cabrio)
Weitere Motoren	V8-5,4-Liter, 300 oder 340 PS (1x4 BBL); V8-5,4-Liter, 360 PS (FI)
Weitere Getriebe	Zweigang-Automatik »Powerglide« ($ 199); Viergang-Schaltgetriebe ($ 188)

1963 bekam die Corvette optionale Leichtmetallfelgen, die über einen Zentralverschluss verfügten. (Foto: © GM Media)

schluss und maßen 6x15 Zoll. Sie sollten sich zu einer der beliebtesten Optionen entwickeln.

Mit dem ultrateuren Special Performance Equipment-Paket »RPO Z06«, das für knapp über 1800 Dollar (später 1294 Dollar) im Modelljahr '63 nur 199 Freunde fand, versuchte man ehrgeizige Privatfahrer zu animieren.

Highlight des Jahrgangs aber waren die fünf gebauten, nie offiziell erhältlichen, Corvette Grand Sport, die über eine 377-CID-Maschine (6,2-Liter-Motor) mit hemisphärischen Alu-Köpfen und vier 58er Weber-Doppelvergasern verfügten. Die Leistung dieser hochgezüchteten Motoren lag bei 485 SAE-PS.

Heute gilt die 1963er Sting Ray mit ihrem geteilten Heckfenster als eines der begehrtesten Corvette-Modelle. (Fotos: © GM Media)

1964

Bereits im zweiten Modelljahr der C2 schaffte Chevrolet die Split-Window-Heckscheibe wieder ab und ersetzte die beiden Hälften durch ein riesiges, gewölbtes Glas. Auch die Kühlluftattrappen auf der Motorhaube waren verschwunden, die Vertiefungen, in denen sie lagen, blieben aber bestehen.

Als stärkste Maschine stand jetzt die Einspritzversion mit 375 PS im Programm, welche im Vergleich zur Standard-Motorisierung nur 538 Dollar mehr kostete und die Corvette über 220 km/h schnell machte. Die nur geringfügig schwächere 365-PS- Maschine wurde zum ersten Mal mit einen Holley-Vierfachvergaser versehen.

Das neue Lenkrad wartete mit Walnussholz-Optik auf, war aber natürlich ein Imitat aus Kunststoff. Die speziellen »Special Sintered Brake Package« kostete 630 Dollar Aufpreis, erforderte aber noch weitere teure Extras, wie zum Beispiel das Sperrdifferential. Entsprechend selten war die Einbaurate von Option RPO J56. Die neue Transistor-Zündanlage dagegen konnte für 75 Dollar geordert werden und wurde immerhin 552 Mal geordert. Nur 14,3 Prozent der Kunden bestellten ein Automatik-Getriebe. Damit stellte die Corvette das Modell mit der niedrigsten Automatik-Ausrüstungsquote unter allen GM-Modellen dar.

Modelljahr 1964	
Motor	V8
Bohrung/Hub (mm)	101,6 x 82,55
Hubraum (cm³)	5354
Hubraum (CID)	327
Leistung (PS/kW-/min)	250/184-4400
Verdichtung	10,5:1
Ventilsteuerung	OHV, zentrale Nockenwelle
Gemischaufbereitung	1 Carter-Vierfachvergaser Typ WCFB
Getriebe	Dreigang-Schaltgetriebe
Bereifung	6.70-15
Bremsanlage	Hydraulische Einkreis-Trommelbremse
Radstand (mm)	2489
L x B x H (mm)	4450 x 1770 x 1260
Leergewicht trocken (kg)	ab 1340
Höchstgeschw. (km/h)	190
Stückzahl	8304 (Coupé); 13.925 (Cabrio)
Preis in DM	32.500 (Coupé); 32.900 (Cabrio)
Weitere Motoren	V8-5,4-Liter, 300 oder 365 PS (1x4 BBL); V8-5,4-Liter, 375 PS (FI)
Weitere Getriebe	Zweigang-Automatik »Powerglide« ($ 199); Viergang-Schaltgetriebe ($ 188)

Alle 64er Corvette Sting Ray verfügten über ein Holzimitat-Lenkrad. (Foto: © Archiv Gerst)

Dieses Front-Emblem gab es nur bei der 63er und 64er Corvette. (Foto: © Archiv Gerst)

Die Entlüftungsschlitze in der B-Säule waren beim 64er Modell zumindest auf der Fahrerseite funktional. (Foto: © Archiv Gerst)

1965

Weil sich Mitchell und Duntov bereits mit der dritten Corvette-Generation befassten, beließ es Chevrolet bei Verfeinerungen für das 1965er Modelljahr. Die Motorhaube kam nun ohne Vertiefungen aus und die jetzt senkrechten Luftauslässe hinter den vorderen Radläufen hatten tatsächlich eine Funktion.

Unterm Blech hielt eine mittlerweile dringend benötigte Verbesserung der Bremsen Einzug. Serienmäßig erhielt der Kunde innenbelüftete Scheiben und Vierkolben-Sättel rundum. Interessenten konnten aber, gegen Minderpreis, noch Trommeln bestellen, solange dafür Teile im Werk verfügbar waren.

Neu und direkt erfolgreich war der ab Mitte des Modelljahrs eingeführte »Turbo Jet« 396-CID-Motor mit 425 PS - der erste »Big Block« in einer Corvette. Er trug den Regular Production Option (RPO) Code L78 und sorgte dafür, dass der Sportwagen die Viertelmeile in 14 Sekunden zurücklegte, bei einer Zielgeschwindigkeit von 166 km/h. Das 563-Nm-Drehmomentmonster konnte mit dem neuen, für alle Motorisierungen erhältlichem »Side-mounted Exhaust System« (N14) ausgestattet werden - den heute so begehrten Side Pipes. Außerdem fanden sich im Zubehörkatalog unter anderem Reifen der Größe 7.75-15 mit

Modelljahr 1965	
Motor	V8
Bohrung/Hub (mm)	101,6 x 82,55
Hubraum (cm^3)	5354
Hubraum (CID)	327
Leistung (PS/kW-/min)	250/184-4400
Verdichtung	10,5:1
Ventilsteuerung	OHV, zentrale Nockenwelle
Gemischaufbereitung	1 Carter-Vierfachvergaser Typ WCFB
Getriebe	Dreigang-Schaltgetriebe
Bereifung	6.70-15
Bremsanlage	Hydraulische Zweikreis-Scheibenbremsen rundum
Radstand (mm)	2489
L x B x H (mm)	4450 x 1770 x 1260
Leergewicht trocken (kg)	ab 1340
Höchstgeschw. (km/h)	190
Stückzahl	8196 (Coupé); 15.376 (Cabrio)
Preis in DM	33.600 (Coupé); 33.900 (Cabrio)
Weitere Motoren	V8-5,4-Liter, 300, 350 oder 365 PS; V8-5,4-Liter, 375 PS (FI); V8-6,5-Liter, 425 PS
Weitere Getriebe	Zweigang-Automatik »Powerglide« ($ 199); Viergang-Schaltgetriebe ($ 188)

An der komplett glatten Haube erkennt man den 65er Jahrgang, gut zu sehen auch das neue Front-Emblem. (Foto: © Archiv Gerst)

schmalem Weißwand- oder Goldwand-Ring, ein verstellbares Lenkrad - wahlweise in Teakholz-Imitat, Servolenkung, Bremskraftverstärker für die Scheibenbrems-Anlage, Leichtmetall-Felgen mit Zentralverschluss (im Satz zu fünf Stück) und die im vorigen Jahr eingeführte Transistorzündung.

Alle Motoren ab 350 PS hatten jetzt Holley-Vergaser, natürlich außer dem Einspritzer-Motor, der im Modelljahr '65 in seine letzte Runde ging und nur noch auf knapp 800 verkaufte Einheiten blicken konnte. Die bekannte 327er-Maschine in Verbindung mit den bisherigen Getrieben rundeten das Programm ab.

Ab 1965 war das heute so beliebte »Side-mounted Exhaust System« als Option erhältlich. (Foto: © GM Media)

Ebenfalls neu für das 65er Modelljahr waren die drei Entlüftungsschlitze in den vorderen Kotflügeln. (Foto: © Archiv Gerst)

1966

Bei Chevrolet hatte man erkannt, dass Big-Block-Motoren die Zukunft für die Corvette sein würden und handelte für das Modelljahr 1966 entsprechend. Von vormals fünf 327ern blieben nur zwei im Programm (die Einspritzung war gar nicht mehr erhältlich), dafür zogen gleich zwei in der Bohrung vergrößerte 396er als 427-CID-Triebwerke ein. Sie leisteten 350 und 425 PS. Geordert werden konnte die Big-Block-Maschinen allerdings nur zusammen mit einem Sperrdifferential, kurzem Muncie 4-Gang-Getriebe sowie verstärkten Antriebs- und Fahrwerksteilen. Die Dreigang-Schaltbox und die Automatik waren nur für die 327er-Motoren erhältlich.

Mit 425 PS bei 5600/min aus sieben Litern Hubraum rannte die stärkste Corvette je nach Hinterachsübersetzung bis zu 230 km/h schnell. Die Big-Blocks mit Vierfach-Holley und mechanischen Stößeln bekamen die vom 396er bekannte »Bubble Hood«-Haube und optional die im Jahr 1965 als Zubehör eingeführten und heute berühmten Sidepipes spendiert.

Die sogenannten »Roof Vents« in den B-Säulen, welche nur auf der Fahrerseite wirksam waren (Attrappen auf der Beifah-

Modelljahr 1966	
Motor	V8
Bohrung/Hub (mm)	101,6 x 82,55
Hubraum (cm^3)	5354
Hubraum (CID)	327
Leistung (PS/kW-/min)	300/221-5000
Verdichtung	10,5:1
Ventilsteuerung	OHV, zentrale Nockenwelle
Gemischaufbereitung	1 Holley-Vierfachvergaser Typ R3
Getriebe	Dreigang-Schaltgetriebe
Bereifung	7.75-15
Bremsanlage	Hydraulische Zweikreis-Scheibenbremsen rundum
Radstand (mm)	2489
L x B x H (mm)	4450 x 1770 x 1260
Leergewicht trocken (kg)	ab 1357
Höchstgeschw. (km/h)	200
Stückzahl	9958 (Coupé); 17.762 (Cabrio)
Preis in DM	33.600 (Coupé); 33.900 (Cabrio)
Weitere Motoren	V8-5,4-Liter, 350 PS; V8-7,0-Liter, 390 oder 425 PS
Weitere Getriebe	Zweigang-Automatik »Powerglide« ($ 199); Viergang-Schaltgetriebe ($ 188)

Chefingenieur Zora Arkus-Duntov neben einer 427er Corvette von '66. (Foto: © GM Media)

Der silberfarbene Wabengrill ist Kennzeichen der 66er Corvette. (Foto: © Archiv Gerst)

rerseite), verschwanden. Serienmäßige Sicherheitsdetails wie Beckengurte und Warnblinker wurden immer wichtiger. Rückfahrscheinwerfer waren jetzt ebenfalls Standard, Trommelbremsen konnten nicht mehr bestellt werden. Neue Radkappen im Five-Spoke-Stil spiegelten den Zeitgeist wider. Und es gab erstmals Kopfstützen als Option.

Ein 66er Corvette Sting Ray Convertible mit 427er Motor steht bei vielen ganz oben auf der Wunschliste. (Foto: © GM Media)

1967

Kleine Stylingänderungen kennzeichneten den letzten Jahrgang der Sting-Ray-Corvette, unter anderem die auffälligen fünf seitlichen »Kiemen« sowie insgesamt weniger Chromzierrat. Der Handbremshebel (vorher unter dem Armaturenbrett) saß jetzt zwischen den neu konstruierten Sitzen.

Die Motoren waren nochmals erstarkt, das Leistungsspektrum reichte von der 327-CID-Maschine mit 300 oder 350 PS bis zum 427-CID-Triebwerk mit 390, 400 oder sogar 435 PS (L71) - der letztere mit »Six-Pack«, das heißt drei Doppelvergasern.

Nicht in der regulären Broschüre aufgeführt war das eigentliche Highlight des 67er Jahrgangs: Der 430 PS starke 427er mit dem magischen Code L88. Aus verschiedenen Gründen bewarb Chevrolet diese - sehr teure - Option nicht, denn sie war eigentlich nur für ernsthafte Rennfahrer mit Motorsport-Ambitionen gedacht. Tatsächlich verfügte der Motor nämlich über mindestens 550 PS und verlangte durch die hohe Verdichtung von 12,5:1 nach Kraftstoff mit 103 Octan. Lediglich 20 Exemplare wurden mit der L88-Option gebaut und gehören heute zu den teuersten Corvette überhaupt.

Die Zentralverschluss-Aluräder wurden aufgrund der US-Sicherheitsbestimmungen nicht mehr angeboten, stattdessen kam eine optisch identische Felge mit traditioneller Radmutter-Anbindung unter einer Nabenkappe zum Einsatz.

Modelljahr 1967	
Motor	V8
Bohrung/Hub (mm)	101,6 x 82,55
Hubraum (cm³)	5354
Hubraum (CID)	327
Leistung (PS/kW-min⁻¹)	300/221-5000
Verdichtung	10,0:1
Ventilsteuerung	OHV, zentrale Nockenwelle
Gemischaufbereitung	1 Holley-Vierfachvergaser Typ R3
Getriebe	Dreigang-Schaltgetriebe
Bereifung	7.75-15
Bremsanlage	Hydraulische Zweikreis-Scheibenbremsen rundum
Radstand (mm)	2489
L x B x H (mm)	4450 x 1770 x 1260
Leergewicht trocken (kg)	ab 1364
Höchstgeschw. (km/h)	200
Stückzahl	8504 (Coupé); 14.436 (Cabrio)
Preis in DM	29.500 (Coupé); 29.500 (Cabrio)
Weitere Motoren	V8-5,4-Liter, 350 PS; V8-7,0-Liter, 390/400/430 oder 435 PS
Weitere Getriebe	Zweigang-Automatik »Powerglide« ($ 194); Viergang-Schaltgetriebe (ab $ 184)

1967er Corvette Sting Ray mit neuen »Knock-off-Style«-Felgen, also imitiertem Zentralverschluss. (Foto: © GM Media)

Die »Stinger«-Haube gab es nur bei 1967er Corvette Sting Ray mit 427er, in diesem Fall dem L71-Motor. (Fotos: © GM Media)

Das »Side-mounted Exhaust System« und die Rally-Felgen mit Redline-Reifen trägt dieses Cabrio ab Werk. (Fotos: © GM Media)

1968

Das Jahr 1968 läutete den Beginn der dritten Corvette-Generation (C3) ein. Das ganz neue Styling im »Coke-Bottle-Design« fand sofort Gefallen bei der Kundschaft, traf den Geschmack der damaligen Zeit. Die Scheinwerfer klappten heraus, statt wie bisher eine Drehbewegung auszuführen. Außerdem waren sie nun unterdruckgesteuert statt elektrisch. Verdeckt angebrachte Scheibenwischer sorgten für eine modernere Optik, wohingegen die seitlichen »Kiemen« das 67er Modell zitierten, aber von fünf auf vier reduziert wurden. Sieben Zoll breite Rally Wheels gab es nur 1968; sie trugen F70-15-Reifen (1967: 7.75-15). Bei gleichem Radstand war die 68er Corvette 4,5 cm flacher und 17 cm länger geworden.

Das Coupé kam jetzt mit abnehmbaren Dachhälften (»T-Top«) und herausnehmbarer Heckscheibe, Ausstellfenster in den Türen gehörten der Vergangenheit an. Kontrollleuchten bekamen ihren Strom zum ersten Mal über Kabel aus Glasfaser wohingegen der Zündschalter am Armaturenbrett zum letzten Mal in einer Corvette verbaut wurde.

Der Innenraum fiel kleiner aus als im Vorgängermodell, auch Ein- und Ausstieg gestalteten sich schwieriger. Außerdem än-

Modelljahr 1968	
Motor	V8
Bohrung/Hub (mm)	101,6 x 82,55
Hubraum (cm^3)	5354
Hubraum (CID)	327
Leistung (PS/kW-/min)	300/221-5000
Verdichtung	10,0:1
Ventilsteuerung	OHV, zentrale Nockenwelle
Gemischaufbereitung	1 Rochester-Vierfachvergaser Typ 4MV
Getriebe	Dreigang-Schaltgetriebe
Bereifung	F70-15
Bremsanlage	Hydraulische Zweikreis-Scheibenbremsen rundum
Radstand (mm)	2489
L x B x H (mm)	4620 x 1760 x 1215
Leergewicht trocken (kg)	ab 1389
Höchstgeschw. (km/h)	200
Stückzahl	9936 (Coupé); 18.630 (Cabrio)
Preis in DM	33.000 (Coupé); 33.000 (Cabrio)
Weitere Motoren	V8-5,4-Liter, 350 PS; V8-7,0-Liter, 390/400/430 oder 435 PS
Weitere Getriebe	Dreigang-Automatik »Turbo-Hydra-Matic«; Viergang-Schaltgetriebe (ab $ 184)

Die komplett neue 1968er Corvette bestach durch ihr modernes Coke-Bottle-Design und das T-Top. (Foto: © GM Media)

derte man zu Gunsten der flacheren Dachlinie die - nun unbequeme - Sitzposition. Die C3 erntete anfänglich durchaus Kritik.

Motorisch blieb alles wie beim 67er-Modell, die 427er bekamen (bis auf den L88) niedrigere Ansaugspinnen, um Platz unter der flacheren Haube zu schaffen. Als neues Zubehör konnte ein Alarm-System und die neue Turbo-Hydra-Matic (Dreigang-Automatik) für 226 Dollar Aufpreis geordert werden. Nur 5875 Exemplare wurden mit 327er Small-Block-Maschinen bestellt.

Eine 1968er Big-Block-Corvette erkennt man unter anderem an der ausgewölbten Motorhaube. (Foto: © GM Media)

Verschlossene Endrohr-Ausschnitte verraten die nachträglich montierten Sidepipes - die es '68 nicht ab Werk gab. (Foto: © Archiv Gerst)

1969

Zum neuen Modelljahr kehrte der von der C2 bekannte Beiname »Sting Ray« zurück, dieses Mal jedoch in einem Wort geschrieben. 1969 erschien das Stingray-Script seitlich oberhalb der Luftauslässe. Die Side-Pipes gab es wieder als Option. Ein aus dem bisherigen 327er-Motor entwickelter neuer 350-CID-Motor mit 300 oder 350 PS und die bisherigen 427er-Maschinen waren wahlweise im Angebot, auch die legendäre L88-Variante mit 430 PS, einem Holley 850-cfm Vierfachvergaser und einer Verdichtung von 12,5:1. Sie wurde in diesem Modelljahr 116 Mal geordert. Zwei Exemplare des L88er Motors wurden als RPO ZL1 für 4718 Dollar ohne Leistungsangabe gebaut.

Die nun acht Zoll breiten Stahlfelgen, ein Lenkradschloss und die Scheinwerferreinigungsanlage waren jetzt weitere Goodies in der Serienausstattung. Der Lenkraddurchmesser wurde von 16 auf 15 Zoll verkleinert und zum ersten Mal konnten mehr Coupés als Cabrios verkauft werden.

Als neues Zubehör kamen eine Motorblockheizung (anstelle eines Froststopfens), eine beheizbare Heckscheibe sowie »White Letter«-Reifen in die Preisliste.

Modelljahr 1969	
Motor	V8
Bohrung/Hub (mm)	101,6 x 88,4
Hubraum (cm³)	5733
Hubraum (CID)	350
Leistung (PS/kW-/min)	300/221-4800
Verdichtung	10,25:1
Ventilsteuerung	OHV, zentrale Nockenwelle
Gemischaufbereitung	1 Rochester-Vierfachvergaser Typ 4MV
Getriebe	Dreigang-Schaltgetriebe
Bereifung	F70-15
Bremsanlage	Hydraulische Zweikreis-Scheibenbremsen rundum
Radstand (mm)	2489
L x B x H (mm)	4635 x 1760 x 1215
Leergewicht trocken (kg)	ab 1405
Höchstgeschw. (km/h)	200
Stückzahl	22.129 (Coupé); 16.633 (Cabrio)
Preis in DM	33.000 (Coupé); 33.000 (Cabrio)
Weitere Motoren	V8-5,7-Liter, 350 PS; V8-7,0-Liter, 390/400/430 oder 435 PS
Weitere Getriebe	Dreigang-Automatik »Turbo-Hydra-Matic«; Viergang-Schaltgetriebe

1969 entstanden 116 Corvette mit dem L88-Motor. Das 427-CID-Triebwerk wurde mit 430 PS beworben, hatte aber tatsächlich zwischen 550 und 570 PS.
(Foto: © GM Media)

Der »Stingray«-Schriftzug über den Lüftungsschlitzen wurde 1969 eingeführt. (Foto: © GM Media)

Eine von zwei gebauten 1969er Corvette Stingray ZL1. (Foto: © GM Media)

1970

Auf Grund von Streiks und dem damit verbundenem Produktionsüberhang verschob man den Start des 1970er Corvette-Modelljahres von August 1969 in den Februar 1970.

Zu den bekannten 327ern gesellte sich ein neuer Motor mit identischem Hubraum, aber mechanischen Stößeln, einem 850 cfm Holley-Vierfachvergaser und 370 PS stark. Sein Kürzel: LT1 - eine heute legendäre Bezeichnung für spezielle Corvette-Modelle. Erkennbar waren die mit diesem Triebwerk ausgestatteten 69er an einer speziellen Motorhaube, versehen mit »LT-1«-Stickern. Ein noch größerer 454-Motor (LS5) mit 390 PS ersetzte den bisherigen 427er. Zwar wurde dieser Big-Block auch als LS7 mit 460 PS angeboten, aber werksseitig nur in einem einzigen Pressefahrzeug installiert.

Die bisherigen senkrechten »Kiemen« wichen Luftaustrittsgittern in den Flanken, rechteckige Auspuffendrohre (bisher immer rund) zierten das Heck, ein neuer Kühlergrill und ausgestellte vordere Radläufe (um die Verschmutzung der Karosserieflanken zu reduzieren) zählten zu den äußerlichen Änderungen. Sidepipes waren nicht mehr im Zubehör-Programm. Die »Red Stripe Tires« und das Dreigang-Schaltgetriebe fielen ebenfalls aus der Options-Liste.

Das Viergang-Schaltgetriebe war nun serienmäßig, ebenso ohne Aufpreis die Automatik. Wahlweise gab es eine Deluxe-Innenausstattung mit Ledersitzen, Holzimitat an Mittelkonsole und Türverkleidung und besserer Teppichware sowie neuen Sitzen, die nicht nur für größere Kopffreiheit sorgten, sondern auch für etwas mehr Stauraum hinter dem Gestühl.

Modelljahr 1970	
Motor	V8
Bohrung/Hub (mm)	101,6 x 88,4
Hubraum (cm³)	5733
Hubraum (CID)	350
Leistung (PS/kW-/min)	300/221-4800
Verdichtung	10,25:1
Ventilsteuerung	OHV, zentrale Nockenwelle
Gemischaufbereitung	1 Rochester-Vierfachvergaser Typ 4MV
Getriebe	Viergang-Schaltgetriebe
Bereifung	F70-15
Bremsanlage	Hydraulische Zweikreis-Scheibenbremsen rundum
Radstand (mm)	2489
L x B x H (mm)	4635 x 1760 x 1215
Leergewicht trocken (kg)	ab 1433
Höchstgeschw. (km/h)	180
Stückzahl	10.668 (Coupé); 6648 (Cabrio)
Preis in DM	32.000 (Coupé); 32.000 (Cabrio)
Weitere Motoren	V8-5,7-Liter, 350 oder 370 PS; V8-7,4-Liter, 390 PS
Weitere Getriebe	Dreigang-Automatik »Turbo-Hydramatic«

Rechteckige Endrohre und dazu passende Ausschnitte hielten 1970 Einzug. (Foto: © GM Media)

1970er Corvette Stingray Convertible mit serienmäßigen Stahlfelgen. (Foto: Sicnag, © CC-BY-SA 2.0)

Rechteckige Standleuchten neben den Grills zeichnen das 1970er Modell aus. (Foto: © Archiv Gerst)

1971

Für das neue Modelljahr beschränkte man sich auf die Optimierung der Verarbeitungsqualität und führte nur kleine Änderungen durch, zum Beispiel die gegen Ende der Bauzeit abgeschafften Fiberglas-Leitungen für die Kontrollleuchten.

Die vergleichsweise geringere Leistungsausbeute des technisch ansonsten gleich gebliebenen 1971er Modells war auf die geringere Verdichtung zurückzuführen, die wegen der Verpflichtung zur Umstellung auf bleifreien Betrieb (91 Oktan) gewählt werden musste. Doch noch immer stand die stärkste Version mit Alu-Köpfen (LS6) und 425 SAE-PS in der Liste. Diese katapultierte die Corvette auf 225 km/h.

Als Option gab es ein ZR-1 genanntes Sport-Paket zu kaufen, das verstärkte Bremsen, einen Stabilisator an der Vorderachse und ein enger gestuftes Viergang-Schaltgetriebe umfasste. Auch eine härtere Feder-Dämpfer-Kombination gehörte wie die Transistorzündung und die 330-PS-LT1-Maschine dazu. Das alles kostete allerdings happige 1010 Dollar Aufpreis, was dazu führte, dass dieses Paket nur ganze acht Mal einen Käufer fand. Diese Option ließ sich übrigens nicht mit eher luxuriösem Zubehör wie elektrischen Fensterhebern, Servolenkung, Klimaanlage, Radio oder Heckscheibenheizung kombinieren.

Modelljahr 1971	
Motor	V8
Bohrung/Hub (mm)	101,6 x 88,4
Hubraum (cm³)	5733
Hubraum (CID)	350
Leistung (PS/kW-/min)	270/199-4800
Verdichtung	8,5:1
Ventilsteuerung	OHV, zentrale Nockenwelle
Gemischaufbereitung	1 Rochester-Vierfachvergaser Typ 4MV
Getriebe	Viergang-Schaltgetriebe
Bereifung	F70-15
Bremsanlage	Hydraulische Zweikreis-Scheibenbremsen rundum
Radstand (mm)	2489
L x B x H (mm)	4635 x 1760 x 1215
Leergewicht trocken (kg)	ab 1433
Höchstgeschw. (km/h)	180
Stückzahl	14.680 (Coupé); 7121 (Cabrio)
Preis in DM	40.800 (Coupé)
Weitere Motoren	V8-5,7-Liter, 330 PS V8-7,4-Liter, 365 oder 425 PS
Weitere Getriebe	Dreigang-Automatik »Turbo-Hydramatic«

Äußerlich blieb das 1971er Modelljahr weitestgehend unverändert. (Foto: © Archiv Gerst)

1971er Corvette Stingray Coupé in »War-Bonnet-Gelb«. (Fotos: Malburg)

Längsrippen ergänzen 1971 die Querrippen der Entlüftungen in den vorderen Kotflügeln. (Foto: © GM Media)

1972

Äußerlich nahezu identisch, war für '72 nur die weiter absinkende Motorleistung (auf dem Papier, wegen des Übergangs zu SAE-netto-Leistungsangaben) zu verzeichnen. Von 200 bis 270 PS reichte nun das Spektrum. Diese Netto-Leistung entspricht bis auf einen »Fehler« von 1,36 Prozent den DIN-Angaben.

Zum letzten Mal gab es eine herausnehmbare Heckscheibe, einen richtigen Kühlergrill mit Chromeinfassungen und die seitlichen Entlüftungsschlitze.

Der stärkere 350-CID-Motor (LT1) wurde ebenfalls zum letzten Mal angeboten, da er die zukünftigen Abgasvorschriften nicht mehr erfüllen konnte.

Der große 454-CID-Motor kostete erstaunlicherweise nur 295 Dollar Aufpreis, was bei einem Basispreis von 5533 Dollar durchaus zu verschmerzen war. Erstaunlich jedoch, dass ein Bremskraftverstärker bei einem so teuren Auto immer noch als Extra gelistet wurde (47 Dollar Aufpreis). Dafür war wenigstens die Alarmanlage serienmäßig. Die mit Klimaanlage ausgerüsteten Versionen mit 255 PS hatten einen anderen Drehzahlmesser,

Modelljahr 1972	
Motor	V8
Bohrung/Hub (mm)	101,6 x 88,4
Hubraum (cm^3)	5733
Hubraum (CID)	350
Leistung (PS/kW-/min)	200/147-4400
Verdichtung	8,5:1
Ventilsteuerung	OHV, zentrale Nockenwelle
Gemischaufbereitung	1 Rochester-Vierfachvergaser Typ 4MV
Getriebe	Viergang-Schaltgetriebe
Bereifung	F70-15
Bremsanlage	Hydraulische Zweikreis-Scheibenbremsen rundum
Radstand (mm)	2489
L x B x H (mm)	4635 x 1760 x 1215
Leergewicht trocken (kg)	ab 1462
Höchstgeschw. (km/h)	180
Stückzahl	20.496 (Coupé); 6508 (Cabrio)
Preis in DM	40.182 (Coupé)
Weitere Motoren	V8-5,7-Liter, 255 PS; V8-7,4-Liter, 270 PS
Weitere Getriebe	Dreigang-Automatik »Turbo-Hydramatic«

Das 1972er Modelljahr ist das letzte, in dem die Corvette vorne eine verchromte Stoßstange trug. (Foto: © GM Media)

1972er Corvette Stingray Convertible mit für das Baujahr nicht korrekter 73er Motorhaube. (Foto: © Archiv Gerst).

dessen roter Bereich schon bei 5600 begann, da die Keilriemen des Kompressors bei höheren Drehzahlen von der Riemenscheibe springen konnten. Bei Autos ohne Klima begann der rote Bereich erst bei 6500 Umdrehungen. Für den speziellen Markt in Kalifornien wurde eine extra Emissionsausrüstung (YF5) verbaut, die aber nicht für die 454er Maschine zu haben war..

»Classic-Weiß« ziert dieses 1972er Corvette Stingray Convertible. (Foto: © GM Media)

1973

Für 1973 fielen die vorderen Chromstoßstangen einer Vollkunststoffmaske mit darunter liegender Stahlstoßstange zum Opfer. Das war notwendig geworden, um die neue Vorschrift der US-Verkehrsbehörde zu erfüllen, dass alle Fahrzeuge eine Karambolage bis fünf mph (acht km/h) ohne bleibende Verformung aushalten müssen.

Stahlverstärkungen hielten in den Innentüren Einzug zur Verbesserung der Unfallsicherheit beim Seitenaufprall.

Die herausnehmbare Heckscheibe wurde gestrichen, was ein paar Liter mehr Gepäckraum brachte. Die Motorhaube war etwas geglättet worden, der »Powerdome« aber immer noch ausgeprägt zu sehen. Die seitlichen Luftaustrittsgitter wichen einem neu gestalteten, schnörkellosen Auslass. Außerdem kamen neue optionale Aluräder (YJ8) ins Sortiment. Diese wurden schnell wieder vom Markt genommen, da der Zulieferer sie aufgrund eines Materialfehlers zurückrufen musste. Erst 1976 erschienen sie wieder auf der Zubehörliste - dann aber mit durchschlagendem Erfolg.

Modelljahr 1973	
Motor	V8
Bohrung/Hub (mm)	101,6 x 88,4
Hubraum (cm³)	5733
Hubraum (CID)	350
Leistung (PS/kW-/min)	190/140-4400
Verdichtung	8,5:1
Ventilsteuerung	OHV, zentrale Nockenwelle
Gemischaufbereitung	1 Rochester-Vierfachvergaser Typ 4MV
Getriebe	Viergang-Schaltgetriebe
Bereifung	F70-15
Bremsanlage	Hydraulische Zweikreis-Scheibenbremsen rundum
Radstand (mm)	2489
L x B x H (mm)	4690 x 1750 x 1215
Leergewicht trocken (kg)	ab 1549
Höchstgeschw. (km/h)	180
Stückzahl	25.521 (Coupé); 4943 (Cabrio)
Preis in DM	39.349 (Coupé)
Weitere Motoren	V8-5,7-Liter, 250 PS; V8-7,4-Liter, 275 PS
Weitere Getriebe	Dreigang-Automatik »Turbo-Hydramatic«

Luftauslässe ohne Streben zieren die Kotflügel der 1973er Corvette Stingray, hier in »Mille-Miglia-Rot«. (Foto: © GM Media)

Erstmals seit 1956 war kein Motor mehr mit mechanischen Ventilstößeln mehr erhältlich, und der bisherige LT1-Motor wurde durch den Hydrostößelmotor L82 mit fünf PS weniger Leistung ersetzt. Weiterhin standen Lärmdämpfungsmaßnahmen im Lastenheft und beinhalteten entsprechende Matten an der Unterseite der Motorhaube sowie aufgesprühte Dämmschichten an zahlreichen Stellen der Kunststoffkarosserie.

Ein neues Kühlsystem mit Ausgleichsbehälter für übergelaufenes Kühlwasser und einer Rückführung nach dessen Abkühlung kam zum Einsatz.

Die für 1973 brandneuen Alu-Guss-Felgen wurden auf Grund von Gusslunkern zurückgerufen, kamen erst 1976 wieder ins Programm. (Foto: © GM Media)

Die »Callout«-Embleme geben Auskunft über den Hubraum. (Foto: © Archiv Gerst)

1974

Nach der modernisierung der Front 1973 folgte die des Hecks. Die hintere Chromstoßstange wich einem zweiteiligen (nur 1974) »Soft Bumper« aus PU mit darunter liegender Aluschiene. Statt steil nach oben, neigte sich das völlig neu gestylt Heck nach unten.

Zum letzten Mal stand der große 7,5-Liter Big-Block in der Preisliste - die erste Energiekrise verlangte ihren Tribut. Trotzdem konnte man nicht von einem Einbruch der Verkäufe sprechen. Die Corvette verkaufte sich während der ganzen 70er-Jahre auf recht hohem Niveau.

Ein wiederum neues Kühlsystem, das effektiver bei geringen Drehzahlen arbeitete, hielt dieses Jahr Einzug in die Liste der Serienausstattung, und ganz neu wurde auch eine Doppel-Hupe als Option gelistet.

Modelljahr 1974	
Motor	V8
Bohrung/Hub (mm)	101,6 x 88,4
Hubraum (cm³)	5733
Hubraum (CID)	350
Leistung (PS/kW-/min)	195/143-4400
Verdichtung	9,0:1
Ventilsteuerung	OHV, zentrale Nockenwelle
Gemischaufbereitung	1 Rochester-Vierfachvergaser Typ 4MV
Getriebe	Viergang-Schaltgetriebe
Bereifung	F70-15
Bremsanlage	Hydraulische Zweikreis-Scheibenbremsen rundum
Radstand (mm)	2489
L x B x H (mm)	4710 x 1750 x 1215
Leergewicht trocken (kg)	ab 1606
Höchstgeschw. (km/h)	180
Stückzahl	32.028 (Coupé); 5475 (Cabrio)
Preis in DM	ca. 36.000 (Coupé)
Weitere Motoren	V8-5,7-Liter, 250 PS; V8-7,4-Liter, 270 PS
Weitere Getriebe	Dreigang-Automatik »Turbo-Hydramatic«

1974er Corvette Stingray mit neu gestaltetem Heck und Modelljahr-typischem, zweiteiligen »Soft Bumper«. (Foto: © GM Media)

1975

Das vorläufig letzte Jahr für das Corvette-Cabrio hielt verstärkte Stoßstangen (hinten jetzt auch einteilig) in Bienenwabenstruktur zur besseren Absorption von Aufprallenergie parat. Dazu kamen vorne und hinten noch je zwei Gummi-Pads zum besseren Schutz vor Parkremplern.

Eine neue Zündanlage (ohne Unterbrecher) und die Verwendung eines ungeregelten Katalysators waren die einzigen motortechnischen Änderungen des 75er-Jahrgangs. Die beiden Abgasstränge mündeten in den gemeinsamen Katalysator und teilten sich hinterher wieder auf.

Der Tachometer hatte jetzt eine zweite Skala in km/h erhalten (bisher nur in Meilen). Als einzige Motorisierung waren zwei 350er verblieben - einer mit 165 PS, der andere mit 205 Pferdestärken. Die Höchstgeschwindigkeit der stärkeren Version betrug 207 km/h.

Zora Arkus-Duntov ging in Ruhestand und wurde als Chefingenieur von David McLellan abgelöst.

Modelljahr 1975	
Motor	V8
Bohrung/Hub (mm)	101,6 x 88,4
Hubraum (cm³)	5733
Hubraum (CID)	350
Leistung (PS/kW-/min)	165/121-3800
Verdichtung	8,5:1
Ventilsteuerung	OHV, zentrale Nockenwelle
Gemischaufbereitung	1 Rochester-Vierfachvergaser Typ 4MV
Getriebe	Viergang-Schaltgetriebe
Bereifung	GR70-15
Bremsanlage	Hydraulische Zweikreis-Scheibenbremsen rundum
Radstand (mm)	2489
L x B x H (mm)	4710 x 1750 x 1215
Leergewicht trocken (kg)	ab 1606
Höchstgeschw. (km/h)	180
Stückzahl	33.836 (Coupé); 4629 (Cabrio)
Preis in DM	32.884 (Coupé)
Weitere Motoren	V8-5,7-Liter, 205 PS
Weitere Getriebe	Dreigang-Automatik »Turbo-Hydramatic«

1975er Corvette Stingray Coupe mit nicht originalem Frontspoiler und verspachtelter Frontmaske. (Foto: © Archiv Gerst)

1975 sollte das vorerst letzte Jahr des Convertibles sein, hier ein Modell in »Dark-Red«. (Fotos: Sfoskett, © CC-BY-SA 3.0)

1976

Auch 1976 waren die beiden Motoren L48 (jetzt 180 PS) und L82 (jetzt 210 PS) erhältlich. Zwei verschiedene 4-Gang-Schaltgetriebe und zwei Automatikgetriebe taten dabei Dienst (TH-350 - nur für L48 - und TH-400). Äußerlich waren die 76er- von den 75er-Modellen nur an verschiedenen Emblemen zu unterscheiden. Das Convertible wurde ersatzlos gestrichen.

Nicht sehr gut angenommen wurde das neue vierspeichige »Sport«-Lenkrad. Ein identisches Volant fand sich nämlich auch im kleinen Chevrolet Vega GT sowie einigen anderen Fahrzeugen der Marke. Die Sparmaßnahmen sorgten auch dafür, dass es zum letzten Mal ein speziell designtes Corvette-Radio zu kaufen gab.

Nach dem Debakel von 1973 konnten nun doch noch die YJ3-Aluräder angeboten werden, diesmal vom bekannten Felgenhersteller Kelsey Hayes produziert. Der Satz mit Stahl-Reserverad kostete 299 Dollar

Außerdem erhielt der Unterboden eine Stahl-Einlage, die zum einen als Verstärkung der Karosserie, zum anderen als Hitzeschild zwischen Cockpit und Katalysator diente. Ebenfalls neu war die serienmäßige »Freedom Battery«, eine wartungsfreie Starterbatterie..

Modelljahr 1976	
Motor	V8
Bohrung/Hub (mm)	101,6 x 88,4
Hubraum (cm³)	5733
Hubraum (CID)	350
Leistung (PS/kW-/min)	180/132-4000
Verdichtung	8,5:1
Ventilsteuerung	OHV, zentrale Nockenwelle
Gemischaufbereitung	1 Rochester-Vierfachvergaser Typ M4MC
Getriebe	Viergang-Schaltgetriebe
Bereifung	GR70-15
Bremsanlage	Hydraulische Zweikreis-Scheibenbremsen rundum
Radstand (mm)	2489
L x B x H (mm)	4710 x 1750 x 1215
Leergewicht trocken (kg)	ab 1566
Höchstgeschw. (km/h)	180
Stückzahl	46.558
Preis in DM	37.858
Weitere Motoren	V8-5,7-Liter, 210 PS, 200 km/h
Weitere Getriebe	Dreigang-Automatik TH-350 Dreigang-Automatik TH-450

1976 war die Corvette nur noch als Coupé erhältlich. (Foto: © Archiv Gerst)

1977

Im Modelljahr 1977 verschwand die Aufschrift »Stingray« und die A-Säulen wurden prinzipiell schwarz eingefärbt. Erst jetzt gehörten Servolenkung und Bremskraftverstärker zur Serienausstattung, vorher mussten sie immer noch extra bezahlt werden. Fast 50.000 Corvette verließen in diesem Jahr das Werk in St Louis, Missouri.

Im Innenraum wurde die Instrumente und die Mittelkonsole neugestaltet, so dass nun alle Delco-Radios passten. In der Zubehörliste tauchte zum ersten Mal auch eins mit Compact Cassette-Laufwerk auf. Eine kürzere Lenksäule sorgte für besseren Ein- und Ausstieg, Ledersitze gab es jetzt serienmäßig. Wobei auch Sitze mit Lederwangen und Stoffmittlebahnen bestellt werden konnten.

Nur kurz zu haben waren die neu eingeführten, gläsernen Dachhälften. Angeblich, weil es zwischen GM und dem Hersteller der Teile Differenzen bezüglich der Vertriebsrechte gab.

Modelljahr 1977	
Motor	V8
Bohrung/Hub (mm)	101,6 x 88,4
Hubraum (cm^3)	5733
Hubraum (CID)	350
Leistung (PS/kW-/min)	180/132-4000
Verdichtung	8,5:1
Ventilsteuerung	OHV, zentrale Nockenwelle
Gemischaufbereitung	1 Rochester-Vierfachvergaser Typ M4MC
Getriebe	Viergang-Schaltgetriebe
Bereifung	GR70-15
Bremsanlage	Hydraulische Zweikreis-Scheibenbremsen rundum
Radstand (mm)	2489
L x B x H (mm)	4710 x 1750 x 1215
Leergewicht trocken (kg)	ab 1566
Höchstgeschw. (km/h)	185
Stückzahl	49.213
Preis in DM	ca. 35.000
Weitere Motoren	V8-5,7-Liter, 210 PS
Weitere Getriebe	Dreigang-Automatik »Turbo-Hydramatic«

Die überarbeiteten YJ8 Leichtmetallräder gehörten auch 1977 zu den Optionen. (Foto: © GM Media)

1978

Zum 25. Geburtstag der Corvette wollte man bei GM eine möglichst deutliche Modernisierung des Coupés bei gleichzeitig zurückhaltendem Budget. Heraus kam dabei eine riesige, gewölbte Heckscheibe, die das kleine Fenster und die »Flying Buttress« genannten B-Säulen ersetzte. Sie veränderte das Erscheinungsbild stark und verlieh der Corvette den »Fastback«-Look, wie er das letzte Mal 1967 an ihr zu sehen war.

Die neue Scheibe vergrößerte natürlich das Kofferraumvolumen und mit ihr hielt eine herausziehbare Laderaumabdeckung Einzug. Ein stark modifizierter Innenraum rundete die augenfälligsten Änderungen ab. Unter der Haube kamen Motoren mit geringfügig höherer Leistung zum Einsatz.

Während des 1978er Modelljahres wurden zwei Sondermodelle angeboten: die Limited Edition »Indianapolis 500 Pace Car« und die »Silver Anniversary«. Letzteres beinhaltete eine Zweifarbenlackierung, spezielle Embleme, Leichtmetall-Felgen und Sport-Spiegel und sollte eben den Geburtstag herausstellen.

Modelljahr 1978	
Motor	V8
Bohrung/Hub (mm)	101,6 x 88,4
Hubraum (cm^3)	5733
Hubraum (CID)	350
Leistung (PS/kW-/min)	185/136-4000
Verdichtung	8,2:1
Ventilsteuerung	OHV, zentrale Nockenwelle
Gemischaufbereitung	1 Rochester-Vierfachvergaser Typ M4MC
Getriebe	Viergang-Schaltgetriebe
Bereifung	GR70-15
Bremsanlage	Hydraulische Zweikreis-Scheibenbremsen rundum
Radstand (mm)	2489
L x B x H (mm)	4710 x 1750 x 1215
Leergewicht trocken (kg)	ab 1546
Höchstgeschw. (km/h)	185
Stückzahl	40.275 (zusätzlich Pace Car: 6502)
Preis in DM	33.800 (Pace Car 37.800)
Weitere Motoren	V8-5,7-Liter, 220 PS
Weitere Getriebe	Dreigang-Automatik »Turbo-Hydramatic«

1978er Corvette Coupé als Sondermodell »Pace Car«, gebaut in einer Auflage von 6502 Stück. (Foto: © GM Media)

Das Pace Car hatte darüber hinaus noch einen Front- und Heckspoiler, spezielle »High-Back«-Sitze sowie weitere sonst aufpreispflichtige Ausstattungsmerkmale. Dazu gab es einen Aufkleber-Satz, der individuell angebracht werden konnte. Insgesamt stellte GM 6502 »Pace Car«-Modelle her.

Jede Corvette durfte sich am größeren Tank (24 Gallonen, etwa 91 Liter) und dem Notrad erfreuen, außerdem waren jetzt endlich die gläsernen Dachhälften (CC1) fest im Programm. Straffere Stoßdämpfer waren nun Standard für alle Fahrzeuge mit Handschaltgetriebe.

Die großen Pace-Car-Aufkleber und die »Winged Wheel«-Sticker wurden vom Besitzer aufgebracht (oder auch nicht). (Foto: © GM Media)

Den 25. Geburtstag der Corvette feierte Chevrolet mit dem 1978er »Silver Anniversary«-Modell. (Foto: © GM Media)

1979

Die im vorigen Jahr für das Pace Car eingeführten »High-Back«-Sitze wurden nun als Standard-Ausrüstung in allen Corvette verwendet. Viel Kunststoff wurde in der Rahmenstruktur verbaut, um Gewicht zu sparen (etwa zehn kg pro Sitz). Das neue Gestühl bot eine bessere Seitenführung und einen Trägheitsschalter, um die klappbaren Sitzlehnen im Falle eines Frontalcrashs zu blockieren. Als Bezug konnte Leder oder aber eine Leder-Stoff-Kombination gewählt werden.

Der neu geformte Tankstutzen erschwerte die Falschbetankung mit verbleitem Kraftstoff. Vereinheitlicht wurde die Dämpferrate, es gab also keinen Unterschied mehr zwischen den Stoßdämpfern von Fahrzeugen mit Handschaltgetriebe oder Automatik. Eine neue Schalldämpferanlage mit geringerem Abgasgegendruck und dadurch geringfügig höherer Leistung kam ab 1978 ebenfalls zum Einsatz.

Die serienmäßige Hinterachs-Übersetzung für Modelle mit Schaltgetriebe wurde von 3,08 auf 3,55 verkürzt, was einer besseren Beschleunigung zugute kam. Äußerlich erkennt man den neuen Jahrgang vor allem an den schwarzen Zierleisten um Heckscheibe und Dachhälften herum sowie den Emblemen mit gekreuzten Flaggen, die die »25th Anniversary«-Logs ersetzten. Erstmals in den USA überhaupt wurden die Fernscheinwerfer in Halogentechnik ausgeführt. Das ab Werk angebotene Spoiler-Paket für 265 Dollar sollte die Optik-Freaks unter den Kunden zufriedenstellen. Es sorgte tatsächlich für mehr Abtrieb, aber auch für einen höheren Verbrauch.

Modelljahr 1979	
Motor	V8
Bohrung/Hub (mm)	101,6 x 88,4
Hubraum (cm³)	5733
Hubraum (CID)	350
Leistung (PS/kW-/min)	195/143-4000
Verdichtung	8,2:1
Ventilsteuerung	OHV, zentrale Nockenwelle
Gemischaufbereitung	1 Rochester-Vierfachvergaser Typ M4MC
Getriebe	Viergang-Schaltgetriebe
Bereifung	P225/70R15 (optional P255/60R15)
Bremsanlage	Hydraulische Zweikreis-Scheibenbremsen rundum
Radstand (mm)	2489
L x B x H (mm)	4710 x 1750 x 1215
Leergewicht trocken (kg)	ab 1533
Höchstgeschw. (km/h)	210
Stückzahl	53.807
Preis in DM	31.160
Weitere Motoren	V8-5,7-Liter, 225 PS
Weitere Getriebe	Dreigang-Automatik »Turbo-Hydramatic«

Schlicht und einfach »Black« nannte Chevrolet 1979 das Schwarz für die Corvette Stingray. (Foto: © GM Media)

1980

Zahlreiche gewichtsoptimierende Maßnahmen machten die 80er Corvette um etwa 80 kg leichter, die modifizierte Karosserie mit integrierten Spoilern sorgte für geringen Luftwiderstand. Die Motorhaube war etwas geglättet worden, und die einteilige Frontmaske mit den zwei tieferen Ansaugschächten umfasste nun die ganze Partie bis zum vorderen Radlauf. Die Ausführung für Kalifornien musste sich mit dem kleineren Fünflitermotor zufriedengeben, der nur mit der Automatik kombinierbar war. Das Hydramatic-Getriebe bekam eine Wandlerüberbrückungskupplung. Der Tachometer ging, wie bei allen US-Modellen ab diesem Jahr, nur noch bis 85 Meilen.

Für die bessere Ausleuchtung der Straßen beim Abbiegen wurden Kurvenleuchten eingeführt. Beim Betätigen der Blinker schaltete sich die Leuchte unterhalb des Sidemarkers auf der jeweiligen Seite automatisch ein. Die bislang optionale verstellbare Lenksäule war nun Serien. Statt bisher drei Gepäckkammern verfügte das neue Modell jetzt nur noch über deren zwei.

Modelljahr 1980	
Motor	V8
Bohrung/Hub (mm)	101,6 x 88,4
Hubraum (cm³)	5733
Hubraum (CID)	350
Leistung (PS/kW-/min)	190/140-4200
Verdichtung	8,2:1
Ventilsteuerung	OHV, zentrale Nockenwelle
Gemischaufbereitung	1 Rochester-Vierfachvergaser Typ M4MC
Getriebe	Viergang-Schaltgetriebe
Bereifung	P225/70R15 (optional P255/60R15)
Bremsanlage	Hydraulische Zweikreis-Scheibenbremsen rundum
Radstand (mm)	2489
L x B x H (mm)	4707 x 1750 x 1215
Leergewicht trocken (kg)	ab 1460
Höchstgeschw. (km/h)	210
Stückzahl	40.614
Preis in DM	ca. 38.500
Weitere Motoren	V8-5,7-Liter, 230 PS, 215 km/h; V8-5,0-Liter, 180 PS (nur Kalifornien)
Weitere Getriebe	Dreigang-Automatik »Turbo-Hydramatic«

Eine flachere Haube und eine bis zu den Radläufen reichende Frontmaske zeichnen das Modelljahr 1980 aus. (Foto: © Archiv Gerst)

1981

Im Jahr 1981 zog die Corvette-Produktion von St. Louis, Missouri, in das hochmoderne Werk in Bowling Green, Kentucky, um, wo sie sich auch heute noch befindet. Zwischen dem 1. Juni und dem 1. August stellte man die Fahrzeuge parallel in den zwei Fabriken her, insgesamt kamen in diesem Jahr schon 8995 von den insgesamt 40.606 Corvette aus dem neuen Werk.

Egal wo welche Corvette hergestellt wurde, die Neuerungen waren natürlich identisch. So gab es zum ersten Mal seit den Anfangsjahren nur eine einzige Motorisierung. Der neue 350-CID-Motor (L81) verfügte über Ventildeckel aus einer Magnesiumlegierung und Edelstahl-Abgaskrümmer, die zusammen die Effizienz des Triebwerks steigerten. Auf Grund eines zusätzlichen elektrischen Gebläses konnte das Motor-getriebene Lüfterrad verkleinert werden. Die Automatik-Versionen mit Standard-Fahrwerk erhielt hinten eine Einblatt-Kunststoffblattfeder, die eine Gewichtsreduzierug von 15 kg brachte.

Bei allen Corvette kombinierte man jetzt die Diebstahlwarnanlage mit einer automatischen Zündunterbrechung und das Computer-Command-System kam jetzt als Serienausrüstung für alle Modelle. Das Cockpit erhielt ein moderneres, benutzerfreundlicheres Styling und die Sitze waren, wie die Außenspiegelverstellung, nun elektrisch.

Modelljahr 1981	
Motor	V8
Bohrung/Hub (mm)	101,6 x 88,4
Hubraum (cm³)	5733
Hubraum (CID)	350
Leistung (PS/kW-/min)	190/140-4200
Verdichtung	8,2:1
Ventilsteuerung	OHV, zentrale Nockenwelle
Gemischaufbereitung	1 Rochester-Vierfachvergaser Typ M4MC
Getriebe	Viergang-Schaltgetriebe
Bereifung	P225/70R15 (optional P255/60R15)
Bremsanlage	Hydraulische Zweikreis-Scheibenbremsen rundum
Radstand (mm)	2489
L x B x H (mm)	4707 x 1750 x 1215
Leergewicht trocken (kg)	ab 1445
Höchstgeschw. (km/h))	210 (200 mit Kat)
Stückzahl	40.606
Preis in DM	45.000
Weitere Motoren	Keine
Weitere Getriebe	Dreigang-Automatik »Turbo Hydramatic«

Nur für das 1981er Modelljahr angeboten wurde die optionale Zweifarblackierung. Damit wollte GM die Möglichkeiten der neuen Produktionsanlage aufzeigen. Immerhin 5352 Kunden entschieden sich für dieses Angebot.

Der 1981er Corvette-Modelljahrgang entstand in St. Louis (MO) und im neuen Werk in Bowling Green (KY). (Foto: © GM Media)

1982

Es sollte das letzte Jahr der C3-Corvette sein, doch unter dem Blech hielt schon das Nachfolgemodell Einzug in Form des neuen 350-CID-Motors. Er basierte zwar auf dem bewährten und seit Mitte der 50er eingesetzten Block, doch modernisierte man ihn in Form einer Einspritzanlage, der »Cross Fire Injection« samt Crossover-Ansaugung. Daran konnte der Kunde nur noch die brandneue Viergang-Turbo-Hydramatik, mit Wandlerüberbrückungskupplung in den oberen drei Gängen, koppeln. Ein Schaltgetriebe stand nicht mehr zur Verfügung.

Zum Auslaufen der nun schon 14 Jahre alten dritten Generation gab es nochmals ein limitiertes Modell in Form der »Collector Edition«. Der flache Powerdome auf der Motorhaube war mattschwarz gehalten, spezielle Leichtmetall-Räder ergänzten die exklusive Innenausstattung. Doch das bemerkenswerteste Feature an den weitestgehend unveränderten Karosserie war die zur Heckklappe umgebaute Glaskuppel über dem Gepäckraum - ein klarer Design-Hinweis auf die kommende C4. Die »Collector Edition« war die erste Corvette, deren Basispreis bei über 20.000 Dollar lag.

Modelljahr 1982	
Motor	V8
Bohrung/Hub (mm)	101,6 x 88,4
Hubraum (cm³)	5733
Hubraum (CID)	350
Leistung (PS/kW-/min)	200/147-4200
Verdichtung	9,0:1
Ventilsteuerung	OHV, zentrale Nockenwelle
Gemischaufbereitung	Crossfire-Benzineinspritzung (Twin TBI)
Getriebe	Viergang-Automatikgetriebe mit OD
Bereifung	P255/60R15
Bremsanlage	Hydraulische Zweikreis-Scheibenbremsen rundum
Radstand (mm)	2489
L x B x H (mm)	4707 x 1750 x 1215
Leergewicht trocken (kg)	ab 1460
Höchstgeschw. (km/h)	210
Stückzahl	18.648 plus 6759 Coll Ed, Summe 25.407
Preis in DM	ca. 65.000
Weitere Motoren	Keine
Weitere Getriebe	Keine

Die 1982er Corvette Stingray »Collector Edition« verfügte über eine zur Heckklappe umgebaute Glaskuppel. (Foto: © GM Media)

1984

Offiziell gab es keine 1983er Corvette, denn die vierte Generation wurde bereits als 84er-Modell geführt. Sie kam schon im März 1983 in die Showrooms der Händler und lief durch bis September 1984

Die lange erwartete C4 war zwar immer noch eine echte Corvette, doch zeigte sie sich moderner und technologisch fortgeschrittenere als alle bisherigen neuen Corvette. Statt eines traditionellen Rahmens erhielt die neue Corvette eine Art selbstragenden Gitterrohrrahmen, an dem die Karosseriepaneele aus Kunststoff befestigt wurden. Der ganze Aufbau wurde kürzer, breiter (was den Insassen zugute kam) und flacher. Eine um 64 Grad geneigte Frontscheibe sowie die glattflächige Karosserie sorgten für einen besseren Luftwiderstandsbeiwert. Statt zweier herausnehmbarer Dachhälften gab es nun ein einteiliges Segment, das im Kofferraum verstaut werden konnte. Das neue Modell glänzte mit noch besserer Rundumsicht und war gute 50 kg leichter geworden.

Extreme Verbesserung des Handlings ergaben sich durch ein komplett neues Fahrwerk mit Kunststoff-Querblattfedern vorne und hinten sowie einer 5-Lenker-Hinterachse. Einen weiteren Beitrag dazu leisteten die optionalen, richtungsgebundenen 8,5 und 9,5x16 Zoll messenden Leichtmetallfelgen (unterschiedlich für rechts und links) mit ihren speziell für die C4 entwickelten Goodyear Eagle VR50-Reifen in der Größe 255/50VR-16. Später im Modelljahr wurden auch Bilstein-Stoßdämpfer lieferbar. Antriebsseitig wurde der schon in der 82er C3 präsentierte

Modelljahr 1984	
Motor	V8
Bohrung/Hub (mm)	101,6 x 88,4
Hubraum (cm³)	5733
Hubraum (CID)	350
Leistung (PS/kW-/min)	205/151-4200
Verdichtung	9,0:1
Ventilsteuerung	OHV, zentrale Nockenwelle
Gemischaufbereitung	Crossfire-Benzineinspritzung (Twin TBI)
Getriebe	Viergang-Automatikgetriebe mit OD
Bereifung	P215/65VR15 (optional P255/50VR16)
Bremsanlage	Hydraulische Zweikreis-Scheibenbremsen rundum
Radstand (mm)	2443
L x B x H (mm)	4483 x 1803 x 1186
Leergewicht trocken (kg)	ab 1404
Höchstgeschw. (km/h)	215
Stückzahl	51.547
Preis in DM	ca. 80.000
Weitere Motoren	Keine
Weitere Getriebe	Viergang-Schaltgetriebe mit OD

Motor übernommen, jetzt aber fünf PS stärker. Die Auspuffkrümmer fertigte man aus Edelstahl, die Deckel für Luftfilter und Zylinderkopf bestanden aus einer Magnesiumgusslegierung. Die Auspuffstränge wurden durch den Kardantunnel geführt.

Das TH-700-Getriebe stammte ebenfalls aus der C3, wahlweise war wieder ein Viergang-Schaltgetriebe erhältlich, jetzt neu mit Overdrive, der, außer im ersten Gang, bei allen Gängen von einem Steuergerät zugeschaltet wurde. Durch die Wahl der

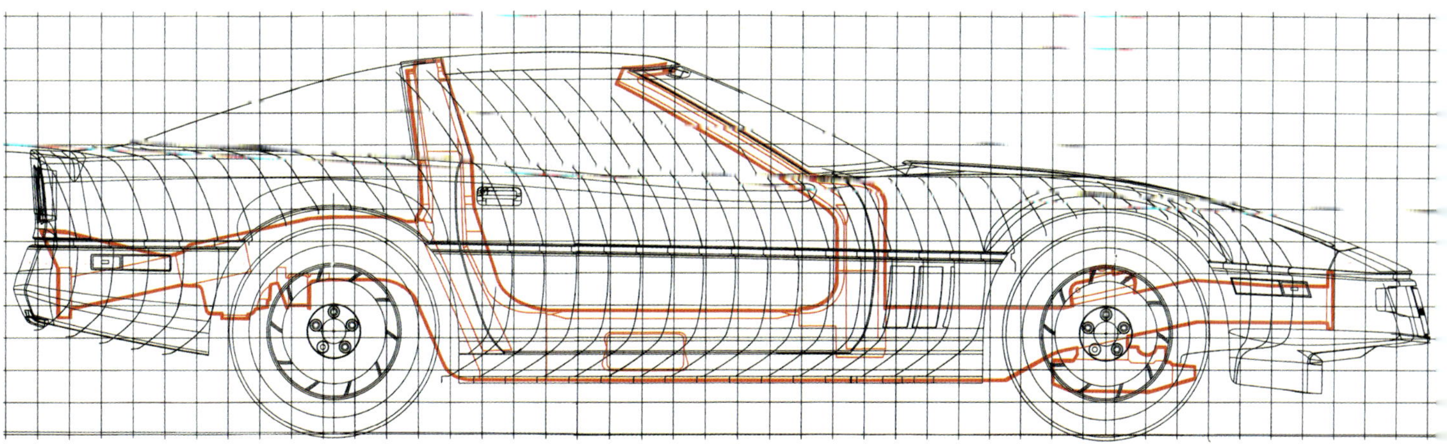

Diese Schnittzeichnung zeigt die selbsttragende Rahmenstruktur der Corvette C4. (Foto: © GM Media)

Handschaltung konnte noch dazu die »Gas-Guzzler-Tax« (Benzin-Säufer-Steuer) umgangen werden.

Instrumente mit Digitalanzeigen und LCDs für Tacho und Drehzahl zierten das jetzt geräumigere Cockpit. Erstmals war ein damals bahnbrechendes Delco-Bose Radio erhältlich.

Presse und Kundschaft nahm die neue Corvette begeistert auf, was sich auch in den Verkaufszahlen bemerkbar machte. Erstmals konnten über 50.000 Fahrzeuge an ihre neuen Besitzerinnen und Besitzer ausgeliefert werden. Als Grundpreis standen 23.360 Dollar in der Liste.

Modern, glatt und kantig präsentierte sich die 1984er Corvette. (Foto: © GM Media)

Digitale Instrumente waren 1984 der letzte Schrei. (Foto: © GM Media)

1985

Die einzigen äußerlich erkennbaren Änderungen für 1985 waren gegenüber der letztjährigen Corvette ein Schild mit der Aufschrift »Tuned Port Injection«, was auf die neue Benzineinspritzung mit Luftmassenmesser hinwies, sowie gerade nach hinten mündende Auspuffendrohre (vorher zeigte die Endungen schräg nach unten).

Zusammen mit der etwas höheren Verdichtung von 9,5:1 konnte die Motorleistung um 25 PS angehoben werden, wobei der Kraftstoffverbrauch reduziert wurde und das Drehmoment um 13 Prozent anstieg. Die bisher optionalen 255er-Reifen wurden jetzt serienmäßig montiert, wobei die Auswuchtgewichte immer geklebt statt geklammert wurden. Die Federung legte man mehr in Richtung Komfort aus, jedoch gab es in Form des »Performance Handling Package« auf Wunsch auch eine sportlichere Abstimmung mit Delco-Bilstein-Dämpfern, härteren Federn, 9,5-Zoll breiten Rädern rundum, verstärkten Stabilisatoren an beiden Achsen sowie ein verbessertes Kühlsystem.

Auch die Bremsanlage wurde optimiert und für das Gehäuse des Bremskraftverstärkers setzte man zum ersten Mal in den USA Kunststoff ein.

Modelljahr 1985	
Motor	V8
Bohrung/Hub (mm)	101,6 x 88,4
Hubraum (cm³)	5733
Hubraum (CID)	350
Leistung (PS/kW-/min)	230/169-4000
Verdichtung	9,5:1
Ventilsteuerung	OHV, zentrale Nockenwelle
Gemischaufbereitung	Tuned-Port-Einspritzung (TPFI)
Getriebe	Viergang-Automatikgetriebe mit OD
Bereifung	P255/50VR16
Bremsanlage	Hydraulische Zweikreis-Scheibenbremsen rundum
Radstand (mm)	2443
L x B x H (mm)	4483 x 1803 x 1186
Leergewicht trocken (kg)	ab 1404
Höchstgeschw. (km/h)	225
Stückzahl	38.729
Preis in DM	99.800
Weitere Motoren	Keine
Weitere Getriebe	Viergang-Schaltgetriebe

Gerade Endrohre statt nach unten mündender Rohre unterschieden den Jahrgang 1985 vom 84er Modell. (Foto: © GM Media)

1986

Zum Halbjahr des Modellzykluses gab es, von den Fans heiß ersehnt, im Frühjahr 1986 wieder eine Cabriolet-Variante der Corvette. Dem Coupé spendierte man zum Thema Frischluft optional ein zwei- statt einteiliges Targadach

Mit der Einführung des Cabrios wurde auf Alu-Zylinderköpfe umgestellt, die eine Leistungssteigerung von fünf PS erzeugten. Die in den USA nun vorgeschriebene dritte Bremsleuchte integrierten die Chevrolet-Stylisten zwischen den Rückleuchten in der Heckschürze, wohingegen sie bei dem Coupé über der Heckscheibe positioniert war.

Das computergesteuerte ABS von Bosch gehörte nun zur Serienausstattung, genauso wie drei Katalysatoren im Abgasstrang und eine Anti-Diebstahl-Anlage. Eine elektronische Klimaanlage wurde während des Modelljahres zusätzlich angeboten, ein stärker geneigtes Armaturenbrett zur Verhinderung von Spiegelungen vervollkommnete die diesjährige Corvette. Die Motordaten hatten sich nicht geändert, aber ein zusätzlicher Ölkühler ließ sich auf Wunsch bestellen.

Darüber hinaus legte man eine Kleinserie von 50 Coupés als »Malcolm-Konner-Commemorative-Edition« auf, um den weltgrößten Corvette-Händler zu ehren.

Modelljahr 1986	
Motor	V8
Bohrung/Hub (mm)	101,6 x 88,4
Hubraum (cm³)	5733
Hubraum (CID)	350
Leistung (PS/kW-/min)	230 (235)/169 (173)-4000
Verdichtung	9,0:1 (für manche Länder 9,5:1)
Ventilsteuerung	OHV, zentrale Nockenwelle
Gemischaufbereitung	Tuned Port-Einspritzung (TPFI)
Getriebe	Viergang-Automatikgetriebe mit OD
Bereifung	P245/50VR16 (optional P255/50VR16)
Bremsanlage	Hydraulische Zweikreis-Scheibenbremsen rundum
Radstand (mm)	2443
L x B x H (mm)	4483 x 1803 x 1186
Leergewicht trocken (kg)	ab 1404
Höchstgeschw. (km/h)	225
Stückzahl	27.794 (Coupé); 7315 (Cabrio)
Preis in DM	ca. 85.000
Weitere Motoren	Keine
Weitere Getriebe	Viergang-Schaltgetriebe

Es gab kein »Pace Car«-Sondermodell, stattdessen konnte jedes 86er Corvette Cabrio mit Stickern versehen werden. (Foto: © GM Media)

Im Frühjahr 1986 kam das heiß ersehnte Corvette Convertible auf den Markt. (Foto: © GM Media)

Die jetzt vorgeschriebene dritte Bremsleuchte platzierten die Chevrolet-Designer auf dem Dach des Coupés. (Foto: © GM Media)

1987

Für 1987 gab es Verbesserungen am Motor. So wurde beispielsweise eine neue Stößelsteuerung über Rollen eingeführt, die eine Leistungszunahme um zehn PS brachte. Als besonderes Highlight bot Chevrolet auf Wunsch nun ein Reifendruckkontrollsystem an, des jedoch noch nicht ausgereift war und häufig Falschwarnungen verursachte. Deshalb wurden auch nur 46 Fahrzeuge damit bestückt, bevor man es aus dem Programm nahm (kam 1989 optimiert wieder ins Sortiment).

Die Firma Callaway (siehe gesondertes Kapitel) bot seit einiger Zeit ihre Twin-Turbo-Motoren mit 345 PS an, welche jetzt ganz offiziell über die Chevy-Händlerschaft bestellt werden konnten (RPO B2K). Diese aufgeladenen 350er-Aggregate brachten die Corvette auf eine mehr als respektable Höchstgeschwindigkeit von 285 km/h. Alle diese Varianten wurden ausschließlich mit Schaltgetriebe ausgeliefert und waren in Kalifornien wegen der dort strengeren Abgasgesetzgebung gar nicht zugelassen. Insgesamt wurden im Modelljahr 1987 184 Callaway-Einheiten verkauft, davon 63 Convertibles.

Modelljahr 1987	
Motor	V8
Bohrung/Hub (mm)	101,6 x 88,4
Hubraum (cm³)	5733
Hubraum (CID)	350
Leistung (PS/kW-/min)	240/176-4000
Verdichtung	9,0:1
Ventilsteuerung	OHV, zentrale Nockenwelle
Gemischaufbereitung	Tuned Port-Einspritzung (TPFI)
Getriebe	Viergang-Automatikgetriebe mit OD
Bereifung	P245/50VR16 (optional P255/50VR16)
Bremsanlage	Hydraulische Zweikreis-Scheibenbremsen rundum
Radstand (mm)	2443
L x B x H (mm)	4483 x 1803 x 1186
Leergewicht trocken (kg)	ab 1462
Höchstgeschw. (km/h)	230
Stückzahl	20.007 (Coupé); 10.625 (Cabrio)
Preise in DM	78.500 (Coupé); 91.500 (Cabrio)
Weitere Motoren	Keine
Weitere Getriebe	Viergang-Schaltgetriebe

Eines der wenigen Unterscheidungsmerkmale des 1987er Jahrgangs: Grau statt schwarz lackierte Nabendeckel. (Foto: © GM Media)

1988

Bei der 88er-Corvette frischten neue 16-Zoll-Räder für alle Modelle den optischen Auftritt der Sportwagen auf. Zusätzlich gab es als Option noch größere Leichtmetallfelgen der Größe 9,5x17 Zoll, welche mit 275/40ZR17-Reifen bestückt waren. Zum 35. Geburtstag lancierte Chevrolet ein »35th Anniversary«-Modell mit Zweifarbenlack, weißen Ledersitzen und vielen speziellen Emblemen in limitierter Auflage (2050 Stück).

Auf der technischen Seite fielen vor allem Änderungen an der Bremsanlage auf. Doppelkolbenbremssättel vorn und die Wirkung der Handbremse auf die Scheiben statt auf separate Trommeln sind zu erwähnen. Das Fahrwerk war nun auf einen Lenkrollradius von null Grad ausgelegt worden.

Der Callaway-Twin-Turbo-Motor leistete jetzt 382 PS, was durch verschiedene Änderungen während des Modelljahres erreicht wurde. Kostenpunkt zusätzlich zur Basisversion: knapp 26.000 Dollar. Und das neue, extra darauf abgestimmte spezielle Automatik-Getriebe schlug nochmals mit 6500 Dollar zu Buche. Auf den Motor gab Callaway selbst ein ganzes Jahr Garantie. Immerhin 124 Stück fanden Käufer.

Modelljahr 1988	
Motor	V8
Bohrung/Hub (mm)	101,6 x 88,4
Hubraum (cm^3)	5733
Hubraum (CID)	350
Leistung (PS/kW-/min)	245/180-4000 (Coupé mit HA 3,07:1 & Convertible); alle anderen: 240/176-4000
Verdichtung	9,5:1
Ventilsteuerung	OHV, zentrale Nockenwelle
Gemischaufbereitung	Tuned Port-Einspritzung (TPFI)
Getriebe	Viergang-Automatikgetriebe mit OD
Bereifung	P255/50ZR16
Bremsanlage	Hydraulische Zweikreis-Scheibenbremsen rundum
Radstand (mm)	2443
L x B x H (mm)	4483 x 1803 x 1186
Leergewicht trocken (kg)	ab 1468
Höchstgeschw. (km/h)	235
Stückzahl	15.382 (Coupé); 7407 (Cabrio)
Preise in DM	79.950 (Coupé); 94.950 (Cabrio)
Weitere Motoren	Keine
Weitere Getriebe	Viergang-Schaltgetriebe

Die für 1988 neuen Basis-Felgen hatten sechs Schlitze und maßen 8,5x16 Zoll. (Foto: © GM Media)

Von der 1988er Corvette entstanden insgesamt 15.382 Coupés und 7407 Convertibles.

2050 Einheiten des Sondermodells »35th Anniversary« wurden gebaut, ausschließlich als weiße Coupés. (Foto: © GM Media)

1989

Wichtigste Neuerung für 1989 war das von ZF zugelieferte Sechsgang-Schaltgetriebe, das die bisherige Viergang-Schaltbox ablöste. Dazu kamen die in der Härte verstellbaren Delco-Bilstein-Dämpfer. Sie waren allerdings den Coupés mit manuellem Getriebe und dem Z51 »Performance Handling Package« vorbehalten. Die im Vorjahr optionalen 17-Zoll-Räder wurden nun serienmäßig verbaut.

Nach einer weiteren, über ein Jahr währenden Entwicklungszeit konnte nun endlich das Reifendruck-Kontrollsystem als funktionssichere Option angeboten werden.

Später im Modelljahr offerierte Chevrolet seit langer Zeit erstmals wieder Fiberglas-Hardtops für das Cabrio.

Die Callaway-Maschinen waren zwar nach wie vor auf dem Markt, doch wurden sie nicht von Chevrolet selbst eingebaut.

Die bereits recht früh angekündigte werkseigene »Tuning-Version« in Form der neuen ZR-1-Maschine machte schon vor der offiziellen Einführung für das Modelljahr 1990 Furore, war aber für eine frühere Verkaufsfreigabe noch nicht reif.

Modelljahr 1989	
Motor	V8
Bohrung/Hub (mm)	101,6 x 88,4
Hubraum (cm^3)	5733
Hubraum (CID)	350
Leistung (PS/kW-/min)	245/180-4300
Verdichtung	9,5:1
Ventilsteuerung	OHV, zentrale Nockenwelle
Gemischaufbereitung	Tuned Port-Einspritzung (TPFI)
Getriebe	Viergang-Automatikgetriebe mit OD
Bereifung	P275/40ZR17
Bremsanlage	Hydraulische Zweikreis-Scheibenbremsen rundum
Radstand (mm)	2443
L x B x H (mm)	4483 x 1803 x 1186
Leergewicht trocken (kg)	ab 1468
Höchstgeschw. (km/h)	235
Stückzahl	16.663 (Coupé); 9749 (Cabrio)
Preise in DM	86.090 (Coupé); 99.700 (Cabrio)
Weitere Motoren	Keine
Weitere Getriebe	Sechsgang-Schaltgetriebe

Die 9,5x17 Zoll großen Leichtmetallräder gehörten ab dem Modelljahr 1989 zur Serienausstattung. (Foto: © GM Media)

1990

Auf die lang erwartete Über-Corvette hatten die Käufer trotz mehrerer Ankündigungen noch ein weiteres Jahr warten müssen. Doch 1990 war es dann endlich so weit. GM lancierte die ZR-1! Nicht als eigenständiges Modell, sondern als (teure) optionale Ausstattung. Sie kostete 27.016 Dollar und verdoppelte damit nahezu den Preis der Basis-Corvette auf 58.995 Dollar.

Der intern LT5 genannte V8 war von Lotus (gehörte damals GM) entwickelt worden, die Fertigung verlagerte man zu »Mercury Marine Engines« nach Stillwater/Oklahoma. Bis auf den fast identischen Hubraum hatte das neue Triebwerk nichts mit der bekannten L98-Maschine gemein. Satte 370 PS leistete der 5,7-Liter bei 5800 Umdrehungen, der mit 11,0:1 hoch verdichtet war. 32 Ventile übernahmen mit je zwei obenliegenden Nockenwellen die Steuerung. Der gesamte Motor bestand jetzt aus Aluminium, während die normale Corvette immer noch den traditionellen Graugussblock eingepflanzt bekam.

Das als einzige Kraftübertragung vorgesehene Sechsgang-Getriebe war nach dem Transaxle-Prinzip zur besseren Gewichtsverteilung an die Hinterachse verlegt worden.

Modelljahr 1990	
Motor	V8
Bohrung/Hub (mm)	101,6 x 88,4
Hubraum (cm³)	5733; 5727 (ZR-1)
Hubraum (CID)	350
Leistung (PS/kW-/min)	245/180-4000
Verdichtung	9,5:1
Ventilsteuerung	OHV, zentrale Nockenwelle
Gemischaufbereitung	Tuned Port-Einspritzung (TPFI)
Getriebe	Viergang-Automatikgetriebe mit OD
Bereifung	P275/40ZR17 (245 PS); v. P275/40ZR17, h. 315/35/ ZR17 (ZR1)
Bremsanlage	Hydraulische Zweikreis-Scheibenbremsen rundum
Radstand (mm)	2443
L x B x H (mm)	4483 x 1803 x 1186
Leergewicht trocken (kg)	ab 1468
Höchstgeschw. (km/h)	235
Stückzahl	23.646
Preise in DM	89.500 (Coupé); 100.500 (Cabrio); 196.000 (ZR-1)
Weitere Motoren	ZR-1 mit 380/287-5800 und 280 km/h
Weitere Getriebe	Sechsgang-Schaltgetriebe

Das Hardtop war auch 1990 für das Convertible optional erhältlich und kostete knapp 2000 Dollar Aufpreis. (Foto: © GM Media)

Das Heck des ZR-1 wurde abweichend von der Serienversion modelliert. Insgesamt etwas breiter (zur Aufnahme der elf Zoll breiten Räder mit 315/35ZR17 Goodyear-Eagle-GT-Reifen), wurde die Heckschürze abgerundet und erhielt rechteckige Rückleuchten, während die Standard-Corvette noch das konkav geschnittene Heck mit runden Lampen aufwies. Mit ihren Fabelwerten von 12,8 Sekunden für die Viertelmeile, einer Beschleunigung von Null auf 60 mph in unter fünf Sekunden und einer Höchstgeschwindigkeit von 280 km/h hatte GM endlich wieder eine Corvette im Sortiment, die an alte Zeiten anknüpfte.

Allen Modellen gemeinsam waren der neu eingeführte Fahrerairbag sowie die Heckscheibe aus kratzfesterem Material. Im Cockpit kombinierte man analoge mit digitalen Anzeigen. Für 1695 Dollar konnte bei den schwächeren Modellen ein elektronisch gesteuertes Fahrwerk geordert werden. Ein CD-Player war optional erhältlich.

Die '90 eingeführte ZR-1 unterschied sich äußerlich hauptsächlich durch das konvexe Heck von der Basis-Corvette. (Foto: © GM Media)

Der von Lotus entwickelte 4-Ventil-V8 (LT5) leistete 380 PS und beschleunigte die ZR-1 auf 280 km/h. (Foto: © GM Media)

1991

Leichte Karosseriemodifikationen prägten den 91er Modelljahrgang der Corvette. Das Basismodell erhielt eine ZR-1-ähnliche Heckschürze mit ebenfalls rechteckigen Leuchten, die Lüftungsschlitze hinter den vorderen Radläufen verliefen jetzt bei allen Varianten waagerecht. Die Gestaltung der Frontschürze fiel windschnittiger aus und erhielt eine umlaufende Stand/Kurven/Nebelleuchten-Kombination.

Leicht erkennbar war der 91er Jahrgang auch an den neu gestalteten Leichtmetallfelgen, die wie gehabt über ein richtungsgebundenes Turbinendesign verfügten. Wieder von Kelsey Hayes gefertigt, maßen sie rundum 9,5x17 Zoll.

Obwohl es von der Corvette ZR-1 kein Werkscabrio gab, machten sich einige Veredler daran, ein solches zu bauen. So zum Beispiel die Firma ASC (American Specialty Company), die in Heilbronn um 1991/1992 eine offene ZR-1 anbot.

Modelljahr 1991	
Motor	V8
Bohrung/Hub (mm)	101,6 x 88,4
Hubraum (cm^3)	5733; 5727 (ZR-1)
Hubraum (CID)	350
Leistung (PS/kW-/min)	245/180-4000
Verdichtung	10,0:1
Ventilsteuerung	OHV, zentrale Nockenwelle
Gemischaufbereitung	Tuned Port-Einspritzung (TPFI)
Getriebe	Viergang-Automatikgetriebe mit OD
Bereifung	P275/40ZR17 (245 PS); v. P275/40ZR17, h. 315/34/ZR17 (ZR1)
Bremsanlage	Hydraulische Zweikreis-Scheibenbremsen rundum
Radstand (mm)	2443
L x B x H (mm)	4483 x 1803 x 1186
Leergewicht trocken (kg)	ab 1468
Höchstgeschw. (km/h)	235
Stückzahl	20.639
Preise in DM	90.500 (Coupé); 103.500 (Cabrio)
Weitere Motoren	ZR-1 mit 375/276-5800 und 280 km/h
Weitere Getriebe	Sechsgang-Schaltgetriebe

Ab 1991 hatte nur noch die ZR-1 die dritte Bremsleuchte auf dem Dach. (Foto: © H. Reitz)

1992

Das Jahr 1992 brachte ein vielbeachtetes Jubiläum mit sich, denn am 2. Juli verließ die einmillionste Corvette, ein weißes Convertible, die Produktionshallen.

Technisch änderte sich bei der ZR-1 nichts, dafür bekam die Basis-Corvette einen neuen Motor spendiert, den LT1. Der basiete zwar auf dem althergebrachten 5,7-Liter-V8, leistete aber dank erhöhter Verdichtung, einem veränderten Nockenwellenprofil, einem computergesteuerten Zündsystem sowie einer neuen Abgasanlage glatte 300 PS. Die Höchstgeschwindigkeit stieg auf über 250 km/h.

Zur Serienausstattung gehörten nun eine mit Bosch zusammen entwickelte Traktionskontrolle. Außerdem erhielten alle Corvette rechteckige Endrohre, die ZR-1 zudem namensgebende Embleme auf den vorderen Kotflügeln.

Modelljahr 1992	
Motor	V8
Bohrung/Hub (mm)	101,6 x 88,4
Hubraum (cm³)	5733 (ZR-1: 5727)
Hubraum (CID)	350
Leistung (PS/kW-/min)	300(221-5000
Verdichtung	10,3:1
Ventilsteuerung	OHV, zentrale Nockenwelle
Gemischaufbereitung	Tuned Port-Einspritzung (TPFI)
Getriebe	Viergang-Automatikgetriebe mit OD
Bereifung	P275/40ZR17 (300 PS); v. P275/40ZR17, h. 315/34/ ZR17 (ZR1)
Bremsanlage	Hydraulische Zweikreis-Scheibenbremsen rundum
Radstand (mm)	2443
L x B x H (mm)	4483 x 1803 x 1186
Leergewicht trocken (kg)	ab 1468
Höchstgeschw. (km/h)	255
Stückzahl	20.479
Preise in DM	91.000 (Coupé); 107.000 (Cabrio)
Weitere Motoren	ZR-1 mit 375/276-5800 und 280 km/h
Weitere Getriebe	Sechsgang-Schaltgetriebe

Das »Luggage Rack« mit dem Code V56 kostete 140 Dollar Aufpreis, wurde 1992 aber nur 845-mal gewählt. (Foto: © GM Media)

Ungefähr ein Viertel der Produktion fiel 1992 auf das Corvette Convertible. (Foto: © GM Media)

Die 1992er Basis-Corvette, mittlerweile auf 300 PS erstarkt, machte der 375 PS-ZR-1 das Leben schwer. (Foto: © GM Media)

1993

Das 93er-Modelljahr brachte ein weiteres Jubiläum: Seit 40 Jahren stellte man mit der Corvette Kunststoffkarosserien in Großserie her. Ein Erfolg, wie ihn kein anderes Automobil-Unternehmen vorweisen konnte.

Entsprechend gab es zum Geburtstag für alle Corvette ein aufpreispflichtiges »Anniversary Package«. Für 1455 Dollar bekam der Kunde eine Lackierung in Rubinrot und im selben Farbton gehaltene Ledersitze. Außerdem gab es dazu spezielle Nabendeckel sowie Embleme.

Die ZR-1 wurde aufgewertet durch einen Motor, der jetzt 405 PS leistete und sie auf 285 km/h beschleunigte.

Ebenfalls neu war das schlüssellose Türschließsystem, das GM als erstes bei der Corvette einführte. Beim Annähern an das Fahrzeug entriegelte sich die Tür selbständig, wie sie sich beim Entfernen wieder verschloss. Man musste nur den entsprechenden Chip bei sich tragen

Modelljahr 1993	
Motor	V8
Bohrung/Hub (mm)	101,6 x 88,4
Hubraum (cm³)	5733 (ZR-1: 5727)
Hubraum (CID)	350
Leistung (PS/kW-/min)	300/221-5000
Verdichtung	10,5:1
Ventilsteuerung	OHV, zentrale Nockenwelle
Gemischaufbereitung	Tuned Port-Einspritzung (TPFI)
Getriebe	Viergang-Automatikgetriebe mit OD
Bereifung	v. P255/45ZR17, h. P285/40ZR17; v. P275/40ZR17, h. 315/34/ ZR17 (ZR1)
Bremsanlage	Hydraulische Zweikreis-Scheibenbremsen rundum
Radstand (mm)	2443
L x B x H (mm)	4483 x 1803 x 1186
Leergewicht trocken (kg)	ab 1468
Höchstgeschw. (km/h)	255
Stückzahl	20.479
Preise in DM	90.790 (Coupé); 106.930 (Cabrio)
Weitere Motoren	ZR-1 mit 405/298-5800 und 285 km/h
Weitere Getriebe	Sechsgang-Schaltgetriebe

Dieses 1993 Corvette Convertible ist mit dem 1455 Dollar teuren »Anniversary Package« (Z25) ausgestattet. (Foto: © GM Media)

1994

Die schleppenden Verkaufszahlen ließen nur wenig Budget zur Verbesserung der C4, deshalb erhielt sie für 1994 auch nur wenige Neuerungen. Äußerlich gab es, bis auf die neuen Farben Admiral-Blau und Kupfer-Metallic, keine Änderungen. Immerhin erhielt die ZR-1 neue Räder im modischen Fünfspeichen-Design. Die Maße von 9,5 und 11x17 Zoll blieben gleich.

Alle Modellen erhielten einen serienmäßigen Beifahrerairbag, dem das Handschuhfach zum Opfer fiel. Die in die Mittelkonsole verlegten Schalter der elektrischen Sitzverstellung und das Zwei-Speichen-Lenkrad sind noch zu erwähnen.

Technisch machte eine neue SFI-Einspritzung (sequenzielle Einspritzung) mit sanfterem Leerlauf, besseren Übergängen beim Schalten und einer feineren Gasannahme auf sich aufmerksam. Zusätzlich wurde das bekannte Viergang-Automatikgetriebe weiterentwickelt.

Modelljahr 1994	
Motor	V8
Bohrung/Hub (mm)	101,6 x 88,4
Hubraum (cm³)	5733 (ZR-1: 5727)
Hubraum (CID)	350
Leistung (PS/kW-/min)	300/221-5000
Verdichtung	10,5:1
Ventilsteuerung	OHV, zentrale Nockenwelle
Gemischaufbereitung	Sequentielle Einspritzung (SFI)
Getriebe	Viergang-Automatikgetriebe mit OD
Bereifung	v. P255/45ZR17, h. P285/40ZR17; v. P275/40ZR17, h. 315/34/ZR17 (ZR1)
Bremsanlage	Hydraulische Zweikreis-Scheibenbremsen rundum
Radstand (mm)	2443
L x B x H (mm)	4483 x 1803 x 1186
Leergewicht trocken (kg)	ab 1468
Höchstgeschw. (km/h)	255
Stückzahl	23.330
Preise in DM	94.900 (Coupé); 110.500 (Cabrio)
Weitere Motoren	ZR-1 mit 405/298-5800 und 290 km/h
Weitere Getriebe	Sechsgang-Schaltgetriebe

Seit drei Jahren trug die normale Corvette (Coupé und Convertible) die dritte Bremsleuchte im Heckabschluss, nur die ZR-1 behielt sie auf dem Dach. (Fotos: © GM Media)

1995

Das Modelljahr 1995 sollte das letzte für die starke ZR-1-Corvette werden. Ihre Verkaufszahlen gingen immer weiter runter, auch der lediglich 50 PS schwächeren und dabei deutlich günstigeren »Normal«-Corvette geschuldet.

Einzige kosmetische Änderungen außen waren die neu gestalteten Luftauslässe in den vorderen Kotflügeln. Technisch gab es mehr Veränderungen. So bekamen nun alle Corvette die größeren Scheibenbremsen der ZR-1 verpasst und Gasdruckstoßdämpfer waren ab jetzt auch serienmäßig, genauso wie das brandneue Bosch-V-Antiblockiersystem mit Traktionskontrolle.

Bereits zum dritten Mal wurde die Corvette von den Offiziellen im Jahr 1995 als »Indianapolis-Pace-Car« ausgewählt. Entsprechend stellte Chevrolet auch wieder eine Replik für die Straße her. Genau 527 Exemplare, alles Convertibles, verließen in Arktis-Weiß und Dunkellila-Metallic das Werk. Zu den weiteren Ausstattungsdetails gehörte ein weißes Verdeck, bestickte Kopfstützen sowie spezifische grafische Elemente und Zierrat.

Modelljahr 1995	
Motor	V8
Bohrung/Hub (mm)	101,6 x 88,4
Hubraum (cm³)	5733 (ZR-1: 5727)
Hubraum (CID)	350
Leistung (PS/kW-/min)	300/221-5000
Verdichtung	10,5:1
Ventilsteuerung	OHV, zentrale Nockenwelle
Gemischaufbereitung	Sequentielle Einspritzung (SFI)
Getriebe	Viergang-Automatikgetriebe mit OD
Bereifung	v. P255/45ZR17, h. P285/40ZR17; v. P275/40ZR17, h. 315/34/ZR17 (ZR1)
Bremsanlage	Hydraulische Zweikreis-Scheibenbremsen rundum
Radstand (mm)	2443
L x B x H (mm)	4483 x 1803 x 1186
Leergewicht trocken (kg)	ab 1468
Höchstgeschw. (km/h)	255
Stückzahl	19.478
Preise in DM	94.900 (Coupé); 110.500 (Cabrio)
Weitere Motoren	ZR-1 mit 405/298-5800 und 290 km/h
Weitere Getriebe	Sechsgang-Schaltgetriebe

1995 sollte das letzte Jahr für die technisch fortschrittliche Corvette ZR-1 sein. (Foto: © GM Media)

1996

Das Jahr 1996 sollte das letzte für die Corvette der vierten Generation werden. Trotzdem bekam sie in Form des LT4-Motors noch mal ein neues, 330-PS-starkes Triebwerk spendiert. Der Motor basierte auf dem LT1, hatte aber Alu-Köpfe, größere Ventile, eine andere Nockenwelle und eine höhere Verdichtung.

Dazu gab es noch zwei Sondermodelle, die »Collector Edition« (in Sebring-Silber) und »Grand Sport«, beide als Coupé und Cabrio erhältlich. Während der LT4 im erstgenannten optional zu haben war, gehörte er bei dem admiralblauen Wagen zur Serienausstattung. Beiden gemein waren die bisher nur für die ZR-1 erhältlichen Fünf-Speichen-Felgen, die silberfarben, beziehungsweise schwarz lackiert waren.

Das Sondermodell Grand Sport trug einen breiten weißen Streifen über Motorhaube und Heck, dazu rote »Hash Marks«. Um die nur beim Coupé verbauten, elf Zoll breiten Räder der ZR-1 unter die schmale Karosserie zu bekommen, erhielt es hinten Radlaufverbreiterungen.

Im Zubehörkatalog für alle Corvette fand sich das neue Dämpfungssystem »Selective Real Time Damping System«.

Modelljahr 1996	
Motor	V8
Bohrung/Hub (mm)	101,6 x 88,4
Hubraum (cm^3)	5733
Hubraum (CID)	350
Leistung (PS/kW-/min)	300/221-5000
Verdichtung	10,5:1
Ventilsteuerung	OHV, zentrale Nockenwelle
Gemischaufbereitung	Sequentielle Einspritzung (SFI)
Getriebe	Viergang-Automatikgetriebe mit OD
Bereifung	v. P255/45ZR17, h. P285/40ZR17 v. P275/40ZR17, h. 315/34/ZR17 (Grand Sport Coupé)
Bremsanlage	Hydraulische Zweikreis-Scheibenbremsen rundum
Radstand (mm)	2443
L x B x H (mm)	4483 x 1803 x 1186
Leergewicht trocken (kg)	ab 1495
Höchstgeschw. (km/h)	255
Stückzahl	21.018
Preise in DM	97.300 (Coupé); 107.900 (Cabrio)
Weitere Motoren	LT4 mit 330 PS (243 kW)
Weitere Getriebe	Sechsgang-Schaltgetriebe

Zum Abschied der C4 gab es 1996 die »Collector Edition« in Sebringsilber mit den Felgen der ZR-1. (Foto: © GM Media)

Das 1996er Corvette-Sondermodell »Grand Sport« hatte immer den LT4-Motor unter der Haube. (Foto: © GM Media)

Die elf Zoll breiten Felgen der ZR-1 erforderten beim »Grand Sport«-Coupé Radhausverbreiterungen hinten. (Foto: © H. Reitz)

1997

Die fünfte Corvette-Generation wurde im November 1996 vorgestellt, kam im März 1997 auf den Markt und sorgte direkt für Begeisterung. Die Ecken und Kanten der C4 waren verschwunden und wichen einem modernen, stark gerundeten Design, das den Zeitgeschmack voll traf und trotzdem unverkennbar Corvette war. Bei nur drei Zentimeter mehr Länge (4,56 m) verfügte die C5 über einen um 20 cm längeren Radstand, was die Räder weiter nach außen rückte und für kurze Überhänge sorgte. Zum ersten Mal erreichte eine serienmäßige Corvette einen Luftwiderstandsbeiwert von unter 0,30, nämlich exakt 0,29. Wie die Vorgängerin trug sie Klappscheinwerfer und ein herausnehmbares Dach, war aber zunächst nur als Coupé erhältlich.

Eine höhere Verwindungssteifigkeit erreichte man durch einteilige, stranggepresste und mittels Innenhochdruck geformte Längsholme aus Stahl. Beim Vorgänger bestanden sie noch aus 28 Einzelteilen, die verschweißt werden mussten. Der eigentliche Boden bestand aus Kunststoffpaneelen in Composite-Bauweise, zwischen denen eine Lage Balsaholz verarbeitet

Modelljahr 1997	
Motor	V8
Bohrung/Hub (mm)	99 x 92
Hubraum (cm^3)	5665
Hubraum (CID)	346
Leistung (PS/kW-/min)	345/254-5600
Verdichtung	10,1:1
Ventilsteuerung	OHV, zentrale Nockenwelle
Gemischaufbereitung	Sequentielle Einspritzung (SFI)
Getriebe	Viergang-Automatikgetriebe mit OD
Bereifung	v. P245/45ZR17, h. P275/40ZR18
Bremsanlage	Hydraulische Zweikreis-Scheibenbremsen rundum
Radstand (mm)	2655
L x B x H (mm)	4565 x 1870 x 1210
Leergewicht trocken (kg)	ab 1460
Höchstgeschw. (km/h)	280 (Coupé); 275 (Cabrio)
Stückzahl	9092
Preis in DM	98.500
Weitere Motoren	Keine
Weitere Getriebe	Sechsgang-Schaltgetriebe

Die »Body Side Moldings« (B84) auf Türen und vorderen Kotflügeln gab es stets gegen Aufpreis. (Foto: © GM Media)

war. Das war leichter als synthetisches Füllmaterial und absorbierte besser Geräusche und Vibrationen.

Technisch hatte sich ebenso viel getan. Der komplett neue Motor (Generation III) mit Aluminium-Block und Kunststoff-Ansaugsystem war bemerkenswert. Der V8 mit dem internen Code LS1 ersetzte den LT4 und lieferte 345 PS bei 5600/min. Serienmäßig hing daran eine Viergangautomatik, optional war eine 6-Gang-Handschaltung zu haben.

Schon bei der früheren ZR-1-Version ausprobiert, hielt das Transaxle-Prinzip bei der Corvette jetzt Einzug in die Serie. Die Verbindung zwischen Motor und dem vor der Hinterachse platzierten Getriebe übernahm eine Transaxle-Welle aus Aluminium, die in einem Tunnel verlief, der gleichzeitig als verstärkendes Element für das Chassis diente. Die durch diese Bauweise nahezu ausgeglichene Gewichtsverteilung von 51 zu 49 Prozent (vorne/hinten) sorgte für ein neutrales Fahrverhalten.

Zu den weiteren Neuerungen gehörten das einstellbare Fahrwerk mit den drei Fahrwerkskennungen »Tour«, »Sport« und »Performance« sowie eine geschwindigkeitsabhängige Servolenkung, das 4-Kanal-ABS von Bosch und eine Antriebsschlupf-Regelung (ASR). An der Hinterachse kam eine Mehrlenker-Aufhängung zum Einsatz. Die beiden Querblattfedern aus Kunststoff vorn und hinten wurden ebenso beibehalten wie die Bremsanlage (bis auf dickere Scheiben) und die Lenkung.

Durch den weiter gesunkenen Kraftstoffverbrauch konnte ein geringfügig kleinerer Tank vor der Hinterachse eingebaut werden. Erstmals kamen vorne und hinten unterschiedliche Felgendurchmesser zum Einsatz. An der Vorderachse drehten sich

Die Gewichtsverteilung war bei der neuen C5 dank Transaxle-Bauweise mit 51:49 (vorne/hinten) nahezu perfekt. (Foto: © GM Media)

8,5x17 Zoll Fünf-Speichen-Alus mit 245/45ZR17er Reifen, hinten waren es 275/40ZR18er auf 8x18 Zoll messenden Rädern.

Bei den Reifen handelte es sich um sogenannte »Extended Mobility Tires«, mit denen noch 320 Kilometer ohne Luft gefahren werden konnte. Das ermöglichte es den Ingenieuren auf ein Reserverad und einen Wagenheber zu verzichten, wodurch mehr Gepäckraum gewonnen wurde.

Weitere Highlights: Das bei Dämmerung automatisch einschaltende Abblendlicht, eine Zweizonen-Klimaautomatik und das viersprachige On-Board-Informationssystem.

Die 97er Corvette verdankte ihre Torsionssteifigkeit auch den stranggepressten Stahl-Längsholmen. (Foto: © GM Media)

Auf der Phantomzeichnung der C5 kann man gut die Lage aller Komponenten erkennen. (Foto: © GM Media)

1998

Das Cabrio ließ ein knappes Jahr auf sich warten, war aber von Anfang an als Variante geplant, weswegen man auf zusätzliche Verstärkungen verzichten konnte. Die Heckscheibe des manuell zu betätigenden Verdecks war beheizbar und seit '62 gab es endlich wieder einen Gepäckraum mit Heckdeckel!

Alle Varianten konnten in den Genuss der neuen Magnesiumräder gelangen, vorn in der Größe 8,5x17 Zoll, hinten mit 9,5x18 Zoll. Dieser extrem leichte Radsatz kostete heftige 3000 Dollar Aufpreis und war doch bereits vor Produktionsende des Modelljahrs ausverkauft!

Das Corvette-Cabrio wurde für 1998 zum vierten Male als Pace Car für Indianapolis ausgewählt und dementsprechend gab es auch wieder ein limitiertes Modell für den Endkunden. 1158 Convertibles verließen das Werk mit der speziellen Pace-Car-Ausstattung, wozu Radar-blauer Lack, eine zweifarbige Innenausstattung, gelbe Felgen sowie großflächige, mehrfarbige Aufkleber gehörten.

Modelljahr 1998	
Motor	V8
Bohrung/Hub (mm)	99 x 92
Hubraum (cm^3)	5665
Hubraum (CID)	346
Leistung (PS/kW-/min)	345/254-5600
Verdichtung	10,1:1
Ventilsteuerung	OHV, zentrale Nockenwelle
Gemischaufbereitung	Sequentielle Einspritzung (SFI)
Getriebe	Viergang-Automatikgetriebe mit OD
Bereifung	v. P245/45ZR17, h. P275/40ZR18
Bremsanlage	Hydraulische Zweikreis-Scheibenbremsen rundum
Radstand (mm)	2655
L x B x H (mm)	4565 x 1870 x 1210
Leergewicht trocken (kg)	ab 1465
Höchstgeschw. (km/h)	280 (Coupé); 275 (Cabrio)
Stückzahl	29.810
Preise in DM	98.500 (Coupé); 109.900 (Cabrio)
Weitere Motoren	Keine
Weitere Getriebe	Sechsgang-Schaltgetriebe

Als Cabrio erschien die Corvette der fünften Generation erst 1998, dafür aber mit richtigem Kofferraumdeckel. (Foto: © GM Media)

1999

Eine weitere Modellvariante führte Chevrolet zum Modelljahr 1999 ein, das »Fixed Roof Coupe« (FRC) mit fest montiertem Hardtop. Es war leichter und steifer als das Coupé und wurde immer mit 6-Gang-Handschaltung und Z51-Paket »Performance Handling Suspension« geliefert. Beides kostete Aufpreis bei Coupé und Cabrio. Die FRC-Corvette wurde Performance-orientiertes Modell vermarktet.

Allen Corvette konnte für 375 Dollar extra ein Heads-Up-Display mitgegeben werden, das wichtige Informationen wie Geschwindigkeit und Drehzahl auf die Windschutzscheibe projizierte. ESP war ab sofort serienmäßig, und alle bisherigen Sicherheitseinrichtungen wurden weiter verbessert, beispielsweise Airbags der zweiten Generation sowie eine elektronische Geschwindigkeitsreglanlage. Erstmals gab es ein elektrisch höhen- und längs-verstellbares Lenkrad.

Außerdem kehrte Chevrolet 1999 mit der werksunterstützten Corvette C5-R wieder in den Motorsport zurück.

Modelljahr 1999	
Motor	V8
Bohrung/Hub (mm)	99 x 92
Hubraum (cm³)	5665
Hubraum (CID)	346
Leistung (PS/kW-/min)	345/254-5600
Verdichtung	10,1:1
Ventilsteuerung	OHV, zentrale Nockenwelle
Gemischaufbereitung	Sequentielle Einspritzung (SFI)
Getriebe	Viergang-Automatikgetriebe mit OD
Bereifung	v. P245/45ZR17, h. P275/40ZR18
Bremsanlage	Hydraulische Zweikreis-Scheibenbremsen rundum
Radstand (mm)	2655
L x B x H (mm)	4565 x 1870 x 1210
Leergewicht trocken (kg)	ab 1465
Höchstgeschw. (km/h)	280 (Coupé); 275 km/h (Cabrio)
Stückzahl	33.270
Preise in DM	99.900 (Coupé); 113.400 (Cabrio)
Weitere Motoren	Keine
Weitere Getriebe	Sechsgang-Schaltgetriebe

Das 1999 eingeführte »Fixed Roof Coupe« (FRC) war ein Convertible mit fest montiertem Hardtop. (Foto: © GM Media)

2000

Als Millennium-Neuerung gab es eine neue Serienfelge. Dabei handelte es sich um ein Schmiederad mit fünf schlanken Speichen. Als Option konnte das Rad auch poliert angeboten werden. Da die aufpreispflichtige Variante (QF5) so beliebt war und man nun die Standard-Felgen als Basis zum Polieren benötigte, brachte Chevrolet im Januar 2000 ein nahezu identisches Aluguss-Rad für die Corvette-Serienmodelle raus, dass jedoch von einem anderen Hersteller stammte und über etwas dickere Speichen verfügte.

Ansonsten änderte sich nur wenig unter dem Blech, äußerlich - bis auf die Räder - Garnichts. Allerdings markierte 2000 das zweite, aber auch schon letzte Jahr der FRC-Corvette als günstige Einstiegs-, beziehungsweise Performancevariante. Chevrolet hatte mit diesem Modell anderes vor und die Kunden sollten schon 2001 sehen, was genau.

Modelljahr 2000	
Motor	V8
Bohrung/Hub (mm)	99 x 92
Hubraum (cm^3)	5665
Hubraum (CID)	346
Leistung (PS/kW-/min)	345/254-5600
Verdichtung	10,1:1
Ventilsteuerung	OHV, zentrale Nockenwelle
Gemischaufbereitung	Sequentielle Einspritzung (SFI)
Getriebe	Viergang-Automatikgetriebe mit OD
Bereifung	v. P245/45ZR17, h. P275/40ZR18
Bremsanlage	Hydraulische Zweikreis-Scheibenbremsen rundum
Radstand (mm)	2655
L x B x H (mm)	4565 x 1870 x 1210
Leergewicht trocken (kg)	ab 1465
Höchstgeschw. (km/h)	280 (Coupé); 275 (Cabrio)
Stückzahl	33.682
Preise in DM	99.900 (Coupé) 115.100 (Cabrio)
Weitere Motoren	Keine
Weitere Getriebe	Sechsgang-Schaltgetriebe

Zum Modelljahr 2000 führte Chevrolet superleichte Magnesium-Felgen (N73) als aufpreispflichtiges Zubehör ein. (Foto: © GM Media)

2000er Corvette Cabrio und Coupé für den deutschen Markt - erkennbar an den großen Nebelschlussleuchten. (Foto: © GM Media)

Vom 2000er Corvette Convertible wurden fast 14.000 Einheiten verkauft. (Foto: © GM Media)

Mit etwas über 18.000 Exemplaren war im Modelljahr 2000 die Coupé-Karosserieform am beliebtesten. (Foto: © GM Media)

Die FRC-Corvette war der Einstieg in die Corvette-Welt, aber nur 2090 Kunden entschieden sich 2000 dafür. (Foto: © GM Media)

2001

Für 2001 wurde das Hardtop umgetauft. Es hieß jetzt »Z06 Edition Hardtop Coupe« und orientierte sich von der Performance her an der C4 ZR-1, allerdings zu einem Bruchteil des Preises. Der neue LS6-Motor basierte auf dem LS1, verfügte aber über modifizierte Alu-Köpfe, eine höhere Verdichtung, einen neuen Ansaugtrakt, eine Nockenwelle mit veränderten Steuerzeiten sowie eine Abgasanlage aus Titan. Diese Modifikationen sorgten für 385 PS bei 6000/min und eine Viertelmeile-Zeit von nur 12,6 Sekunden!

Die Z06 bekam ein neues Schaltgetriebe mit sechs Gängen und breitere, mit fünf Doppelspeichen versehene Schmiederäder in den Größen 9,5x17 sowie 10,5x18 Zoll. Die Karosserie erhielt vorne Gitte in den Lufteinlässen und vor den hinteren Radläufen Lufteinlässe zur Bremsenkühlung.

Die Basis-Corvette bekam eine um fünf PS gestiegene Motorleistung, einhergehend mit gesenktem Verbrauch. Gesenkt wurde auch der Preis der Magnesium-Räder – von 3000 auf 2000 Dollar.

Modelljahr 2001	
Motor	V8
Bohrung/Hub (mm)	99 x 92
Hubraum (cm³)	5665
Hubraum (CID)	346
Leistung (PS/kW-/min)	350/257-5600
Verdichtung	10,1:1
Ventilsteuerung	OHV, zentrale Nockenwelle
Gemischaufbereitung	Sequentielle Einspritzung (SFI)
Getriebe	Viergang-Automatikgetriebe mit OD
Bereifung	v. P245/45ZR17, h. P275/40ZR18
Bremsanlage	Hydraulische Zweikreis-Scheibenbremsen rundum
Radstand (mm)	2655
L x B x H (mm)	4565 x 1870 x 1210
Leergewicht trocken (kg)	ab 1455
Höchstgeschw. (km/h)	280 (Coupé); 275 (Cabrio)
Stückzahl	35.627
Preise in DM	106.500 (Coupé); 118.000 (Cabrio)
Weitere Motoren	5,7-Liter-V8 mit 385/283-6000
Weitere Getriebe	Sechsgang-Schaltgetriebe

Die Z06 war 2001 das neue Topmodell und konnte nur mit FRC-Karosserie bestellt werden. (Foto: © GM Media)

2002

Auch im Modelljahr 2002 fokussierten sich die Modelländerungen auf die Z06-Corvette. Sie bekam dank geänderter Nockenwelle und einiger weniger restriktiven Komponenten eine Leistungsspritze von 20 PS und offerierte dem Piloten nun derer 405. Das Drehmoment stieg auf 542 Nm. Chevrolet machte mit kleinen seitlichen Plaketten an der Karosserie auf die gestiegene Leistung aufmerksam.

Erwähnenswert ist noch die dünnere Frontscheibe für alle Cabrios, die mit Heads-Up-Display (HUD) ausgestattet waren. Zur Gewichtsreduzierung verringerte man die Stärke von 5,4 auf 4,8 mm. Z06-Corvette hatten das HUD serienmäßig und erhielten die gleiche, dünne Frontscheibe.

Die Umstellung auf die neue Euro-Währung brachte de facto eine Preiserhöhung um zwölf Prozent beim Coupé und um zehn Prozent beim Cabrio. Die Z06-Corvette war nicht in Deutschland erhältlich.

Modelljahr 2002	
Motor	V8
Bohrung/Hub (mm)	99 x 92
Hubraum (cm^3)	5665
Hubraum (CID)	346
Leistung (PS/kW-/min)	350/257-5600
Verdichtung	10,1:1
Ventilsteuerung	OHV, zentrale Nockenwelle
Gemischaufbereitung	Sequentielle Einspritzung (SFI)
Getriebe	Viergang-Automatikgetriebe mit OD
Bereifung	v. P245/45ZR17, h. P275/40ZR18
Bremsanlage	Hydraulische Zweikreis-Scheibenbremsen rundum
Radstand (mm)	2655
L x B x H (mm)	4565 x 1870 x 1210
Leergewicht trocken (kg)	ab 1455
Höchstgeschw. (km/h)	274
Stückzahl	35.767
Preise in Euro	59.900 (Coupé); 65.900 (Cabrio)
Weitere Motoren	5,7-Liter-V8 mit 405/298-6000
Weitere Getriebe	Sechsgang-Schaltgetriebe (+1600 Euro)

2002 lagen die Verkaufszahlen von Convertible und Coupé fast gleichauf. (Foto: © GM Media)

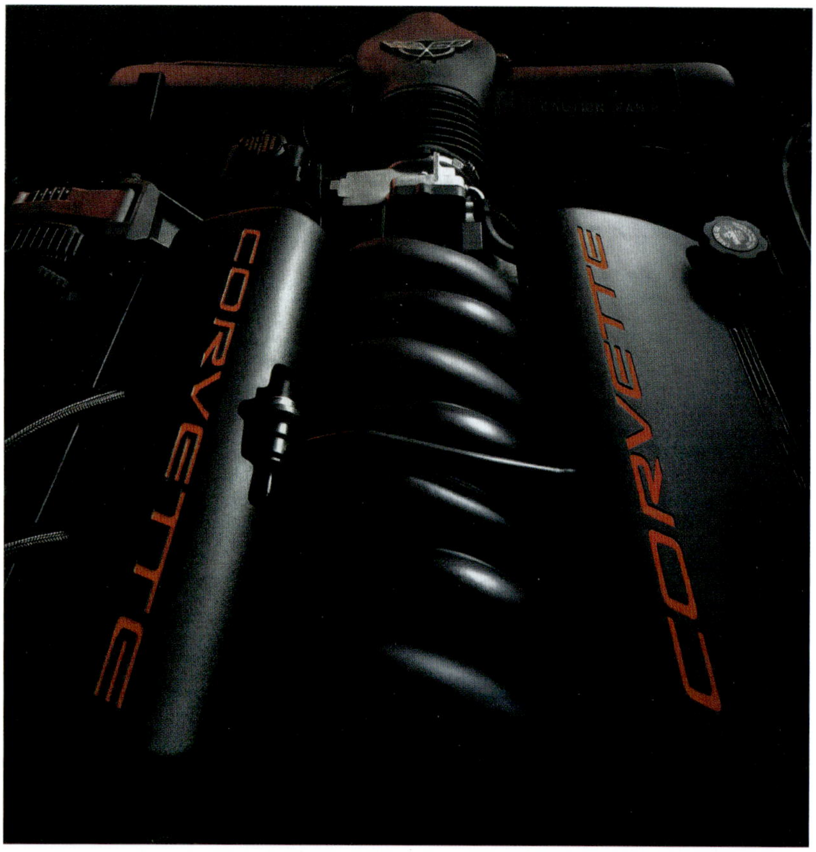

Das LS1-Triebwerk der 2002er Corvette ist der Grundstein einer bis heute reichenden Motorenfamilie. (Foto: © GM Media)

Neben den Nebelschlussleuchten ist auch die Rückleuchtengrafik der deutschen Modelle anders gestaltet. (Foto: © GM Media)

Auch 2002 erkannte man die Corvette Z06 unter anderem an den Lufteinlässen vor dem hinteren Radlauf. (Foto: © GM Media)

Das offizielle 2002er Indy Pace Car nahm das Farbschema der 2003er »50th Anniversary Edition« vorweg. (Foto: © GM Media)

2003

Pünktlich zum 50. Geburtstag der Corvette brachte Chevrolet die »50th Anniversary Special Edition« heraus. Es gab sie als normales Coupé und als Convertible und zeichnete sich optisch durch eine burgunderrote Metallic-Lackierung, champagnerfarbene Räder, eine schieferfarbene Innenausstattung sowie diverse »Anniversary«-Embleme aus - was nahezu dem Corvette Indy Pace Car aus dem Vorjahr entsprach. Zu den Ausstattungsmerkmalen gehörten das 1SB- und das 1SC-Paket, das unter anderem das neue »Magnetic Selective Ride Control« enthielt. Gefüllt wurde das Dämpfersystem mit magnetischer Flüssigkeit, welche elektrisch geregelt bis zu 1000-mal pro Sekunde die Fahrwerkseinstellung verändern konnte. Mehr als 11.500 Kunden entschieden sich für das so ausgerüstete Jubiläums-Modell.

Bei der Z06-Ausführung wurde dickerer Himmelstoff verwendet und alle Corvette bekamen modifizierte A- und B-Säulen, um neue Insassenschutzbestimmungen einzuhalten.

Modelljahr 2003	
Motor	V8
Bohrung/Hub (mm)	99 x 92
Hubraum (cm³)	5665
Hubraum (CID)	346
Leistung (PS/kW-/min)	350/257-5600
Verdichtung	10,1:1
Ventilsteuerung	OHV, zentrale Nockenwelle
Gemischaufbereitung	Sequentielle Einspritzung (SFI)
Getriebe	Viergang-Automatikgetriebe mit OD
Bereifung	v. P245/45ZR17, h. P275/40ZR18
Bremsanlage	Hydraulische Zweikreis-Scheibenbremsen rundum
Radstand (mm)	2655
L x B x H (mm)	4565 x 1870 x 1210
Leergewicht trocken (kg)	ab 1455
Höchstgeschw. (km/h)	280 Coupé); 275 (Cabrio)
Stückzahl	35.469
Preise in Euro	61.000 (Coupé) 67.000 (Cabrio)
Weitere Motoren	5,7-Liter-V8 mit 411/302-6000
Weitere Getriebe	Sechsgang-Schaltgetriebe

2003 kam das Sondermodell »50th Anniversary Edition« auf den Markt, hier als Coupé. (Foto: © GM Media)

11.632 »50th Anniversary Edition«-Corvette entstanden, davon 7545 Convertibles. (Foto: © GM Media)

Verschärfte Normen für den Insassenschutz bescherten der 2003er Z06 einen dickeren Himmelstoff. (Foto: © GM Media)

2004

Den Abschied von der C5 feierte man im Modelljahr 2004 in Form der »Le Mans Commemorative Edition«. Coupé und Cabrio glänzten unter anderem mit Lack in »Le Mans Blue«, entsprechenden Emblemen, bestickten Kopfstützen sowie vollpolierten Rädern. Das Paket kostete 3700 Dollar extra, wollte man es zusammen mit einer Z06 haben, sogar 4335 Dollar zusätzlich. Dafür bekam man nicht nur spezielle rote und silberfarbene Streifen, sondern auch ein auf dem Nürburgring abgestimmtes Fahrwerk sowie eine Motorhaube aus Kohlefaser.

Interessant waren die »Le Mans Commemorative Edition«-Modelle für Europa. Sie erhielten das RPO Z18-Paket, eine Mischung aus Z06-Streifen, -Haube sowie -Fahrwerk und der normalen Coupé-Karosserie mit dem regulären 350 PS LS-1-Motor. Lediglich 46 dieser Modelle wurden hergestellt.

Schon im Januar 2004 lancierte Chevrolet auf der Automesse in Detroit die nächste Generation, die aber erst im Herbst, also ganz regulär zum Modelljahr 2005, auf den Markt kam.

Modelljahr 2004	
Motor	V8
Bohrung/Hub (mm)	99 x 92
Hubraum (cm³)	5665
Hubraum (CID)	346
Leistung (PS/kW-/min)	350/257-5600
Verdichtung	10,1:1
Ventilsteuerung	OHV, zentrale Nockenwelle
Gemischaufbereitung	Sequentielle Einspritzung (SFI)
Getriebe	Viergang-Automatikgetriebe mit OD
Bereifung	v. P245/45ZR17, h. P275/40ZR18
Bremsanlage	Hydraulische Zweikreis-Scheibenbremsen rundum
Radstand (mm)	2655
L x B x H (mm)	4565 x 1870 x 1210
Leergewicht trocken (kg)	ab 1455
Höchstgeschw. (km/h)	280 (Coupé); 275 (Cabrio)
Stückzahl	34.064
Preise in Euro	61.500 (Coupé); 67.500 (Cabrio)
Weitere Motoren	5,7-Liter-V8 mit 411/302-6000
Weitere Getriebe	Sechsgang-Schaltgetriebe

Im Abschiedsjahr der C5 gab es an Coupé und Convertible keine großen Änderungen mehr. (Foto: © GM Media)

Lediglich 46 der europäischen »Le Mans Commemorative Edition«-Modelle entstanden. (Foto: © GM Media)

Die EU-Version der »Le Mans Commemorative Edition« basierte auf dem normalen Coupé. (Foto: © GM Media)

2005

Die Vorstellung der sechsten Corvette-Generation fand in zwei Etappen statt. Im Januar 2004 wurde dem Publikum in Detroit die Coupé-Variante gezeigt, in Genf konnte man im März 2004 dann auch das ersehnte Cabrio bestaunen.

Ein »facegelifteter« Gen IV Small Block (Code LS2) mit auf sechs Liter erhöhtem Hubraum und einer Leistungszunahme um satte 50 PS machte die Corvette um nochmals 20 km/h schneller und ermöglichte den Eintritt in die Liga der 300-km/h-Boliden.

Um dieser Kraft Herr zu werden, spendierte man größere Räder (vorn 8,5x18 Zoll, hinten 10x19 Zoll), wahlweise eine 6-Gang-Schaltbox oder ein neues Automatikgetriebe (4L65-E) sowie in der Standard-Ausführung eine völlig neue, exzellente Fahrwerksabstimmung, welche in Verbindung mit dem »Performance Package« der Fahrwerksauslegung der vorigen Z06-Version sehr nahekam.

Modelljahr 2005	
Motor	V8
Bohrung/Hub (mm)	101,6 x 92
Hubraum (cm^3)	5967
Leistung (PS/kW-/min)	400/294-6000
Verdichtung	10,9:1
Ventilsteuerung	OHV, zentrale Nockenwelle
Gemischaufbereitung	Sequentielle Einspritzung (SFI)
Getriebe	Viergang-Automatikgetriebe
Bereifung	v. P245/40R18, h. P285/35R19
Bremsanlage	Hydraulische Zweikreis-Scheibenbremsen rundum
Radstand (mm)	2685
L x B x H (mm)	4435 x 1845 x 1245
Leergewicht trocken (kg)	ab 1475
Höchstgeschw. (km/h)	300 (Coupé)
Stückzahl	37.372
Preise in Euro	62.500 (Coupé); 69.500 (Cabrio)
Weitere Motoren	Keine
Weitere Getriebe	Sechsgang-Schaltgetriebe

Schärfer und knackiger gezeichnet, präsentierte Chevrolet 2005 die sechste Corvette-Generation. (Foto: © GM Media)

Optisch war die C6 mehr eine Evolution der C5, jetzt jedoch deutlich schärfer gezeichnet und mit noch mal kürzeren Karosserieüberhängen. Sie schrumpfte um immerhin fünf Zoll in der Länge und wurde ein Zoll schmaler als die Vorgängerin, was zwar Kofferraumvolumen kostete, sie aber noch agiler machte.

Besonders ein Styling-Merkmal sorgte für deutliche Veränderung, nämlich das Vorhandensein von regulären Scheinwerfern mit modernen Leuchtmitteln unter Deckgläsern. Die Klappleuchten entsprachen nicht mehr der Zeit, waren zu schwer und verschlechterten ausgefahren die Aerodynamik. Beim Convertible konnte der Kunde erstmals seit 1962 wieder ein elektrisches Verdeck ordern, das sich in 20 Sekunden öffnete oder schloss. Serienmäßig verfügte das C6 Convertible über eine manuelle Kapuze.

Sowohl beim Cabrio als auch beim Coupé (wie immer mit Targadach) wirkte der Innenraum nun wertiger, weniger sichtbares Plastik und mehr Farbe kam zum Einsatz. Eine schlüssellose Zündung ergänzte die vielen Neuerungen der C6.

Dieses Mal kamen Coupé und Convertible gleichzeitig auf den Markt. (Foto: © GM Media)

Das Cockpit der C6 war mit der leicht geneigten Mittelkonsole fahrerorientiert. (Foto: © GM Media)

Neue Technologien machten eine noch steifere Rahmenstruktur möglich. (Foto: © GM Media)

2006

Highlight des 2006er Modelljahres war ganz klar die Über-Corvette Z06 mit 7-Liter-V8 (LS7) und 505 PS. Auf den ersten Blick äußerlich unverändert, fallen bei genauem Hinsehen der größere Lufteinlass zwischen den Nebelscheinwerfern, der kleine Lufteinlass an der »Nase«, die ausgestellten Luftauslässe in den vorderen Kotflügeln sowie die Kiemen vor den hinteren Radläufen auf. Außerdem wuchs sie um 65 mm in die Breite. Deutlich mehr hatte sich unter der Kunststoffhaut getan, die – um genau zu sein – Kotflügel und Boden aus Kohlefaser erhielt. Da wäre zunächst der neue selbstragende Alu-Rahmen zu nennen, der über ein festes Dachpaneel verfügte. Jeder Motor wurde im »GM-Performance-Build-Center« von Hand gebaut, verfügt über Rennsportattribute wie eine Trockensumpfschmierung, Titan-Pleuel und -Ventile sowie einen Drehzahlbegrezer bei 7000/min. Bestellt werden konnte die Z06 ausschließlich mit Handschaltung, die über sechs Gänge verfügte.

Änderungen für Coupé und Cabrio standen auch noch an. So erfolgte nun endlich die Abkehr vom alten Viergang-Automatik-Getriebe, das ersetzt wurde durch eine moderne Sechsgang-Version mit Schaltpaddeln hinter dem nun drei- statt vierspeichigen Lenkrad.

Modelljahr 2006	
Motor	V8
Bohrung/Hub (mm)	101,6 x 92
Hubraum (cm³)	5967
Leistung (PS/kW-/min)	400/298-6000
Verdichtung	10,9:1
Ventilsteuerung	OHV, zentrale Nockenwelle
Gemischaufbereitung	Sequentielle Einspritzung (SFI)
Getriebe	Sechsgang-Automatikgetriebe
Bereifung	v. P245/40R18, h. P285/35R19
Bremsanlage	Hydraulische Zweikreis-Scheibenbremsen rundum
Radstand (mm)	2685
L x B x H (mm)	4435 x 1845 x 1245
Leergewicht trocken (kg)	ab 1475
Höchstgeschw. (km/h)	300 (Coupé)
Stückzahl	34.021
Preise in Euro	62.450 (Coupé); 71.150 (Cabrio); 79.950 (Z06)
Weitere Motoren	7,0-Liter-V8 mit 505/371-6300
Weitere Getriebe	Sechsgang-Schaltgetriebe (2 verschiedene)

Die Corvette Z06 kam zum Modelljahr 2006 und leistete 505 PS. (Foto: © GM Media)

Mächtiger LS7-Motor der Corvette Z06 mit sieben Liter Hubraum. (Foto: © GM Media)

Schon ein Jahr nach Produktionsbeginn bekam die Corvette 2006 ein schickeres Dreispeichen-Lenkrad. (Foto: © GM Media)

2007

Das Modelljahr 2007 brachte nur wenige, kleine Änderungen mit sich, wovon die meisten funktionaler, nicht ästhetischer, Natur waren. Neue Optionen umfassten unter anderem Radio-Bedientastentasten in der rechten Lenkradspeiche, aber nur in Verbindung mit dem Bose-Audiosystem. Außerdem waren jetzt zweifarbige Sitze für Coupé und Cabrio gegen Aufpreis erhältlich. Es gab sie auch für die Z06, allerdings als kostenlose Option und mit Z06-Bestickungen auf den Kopfstützen.

Zwei Sondermodelle gab es darüber hinaus: Die arctic-weiße Z06 mit der ewig langen Bezeichnung »2007 Ron Fellows American Le Mans Series Grand Touring Class 1 Champion Corvette Z06« (399 Stück) sowie eine auf fünfhundert Exemplare limitierte Ausgabe des Indy-Pace-Cars. Erkennbar war es unter anderem an der Lackierung in »Atomic-Orange«, speziellen Aufklebern sowie Stickereien auf den Kopfstützen. Der nur als Cabrio lieferbare Wagen war teurer als eine 2007er Z06 in Basis-Konfiguration!

Modelljahr 2007	
Motor	V8
Bohrung/Hub (mm)	101,6 x 92
Hubraum (cm³)	5967
Leistung (PS/kW-/min)	400/298-6000
Verdichtung	10,9:1
Ventilsteuerung	OHV, zentrale Nockenwelle
Gemischaufbereitung	Sequentielle Einspritzung (SFI)
Getriebe	Sechsgang-Automatikgetriebe
Bereifung	v. P245/40R18, h. P285/35R19
Bremsanlage	Hydraulische Zweikreis-Scheibenbremsen rundum
Radstand (mm)	2685
L x B x H (mm)	4435 x 1845 x 1245
Leergewicht trocken (kg)	ab 1475
Höchstgeschw. (km/h)	300 (Coupé)
Stückzahl	40.561
Preise in Euro	65.290 (Coupé); 74.250 (Cabrio); 86.150 (Z06)
Weitere Motoren	7,0-Liter-V8 mit 505/371-6300
Weitere Getriebe	Sechsgang-Schaltgetriebe (2 verschiedene)

2007 entstanden 399 Stück der artic-weißen »Ron Fellows«-Corvette Z06, stets mit roten »Hash Marks« versehen. (Foto: © GM Media)

»Atomic-Orange« und spezielle Aufkleber schmückten alle 500 »Pace Car« Sondermodelle der 2007er Corvette. (Foto: © GM Media)

Breitere Kotflügel und Luftauslässe hinter den Vorderrädern sind Erkennungsmerkmale der Corvette Z06. (Foto: © GM Media)

2008

Mit dem Modelljahr 2008 erhielt die Standard-Corvette einen neuen Motor, den LS3. Gegenüber dem Vorgänger bekam er eine größere Bohrung, was den Hubraum auf 6,2 Liter anwachsen ließ. Zusammen mit neu gestalteten Zylinderköpfen, größeren Venilen und einer Nockenwelle mit neuen Steuerzeiten erzielte das Triebwerk 430 PS bei 5900/min. Unter Verwendung des optionalen Klappenauspuffs (RPO NPP) ließen sich noch weitere sechs PS generieren.

An der üppigen Motorleistung der Z06 änderte sich nichts, auch nicht für die 505 Sondermodellen »427-Limited Edition«, die zu Ehren des scheidenden Bowling Green-Betriebsleiters Wil Cooksey aufgelegt wurden. Außerdem erhältlich: Eine weitere Pace-Car-Replik, die als Coupé und Cabrio, aber immer in schwarz/silber angeboten wurde (insgesamt 500 Stück), sowie ebenfalls 500 Stück der Corvette ZHZ, die für die Autovermietung Hertz aufgelegt wurde - lackiert in »Velocity-Gelb« mit schwarzem Streifen, 436 PS stark und mit speziellen, verchromten 7-Speichen-Alus in 18 und 19 Zoll versehen.

Modelljahr 2008	
Motor	V8
Bohrung/Hub (mm)	103,25 x 92
Hubraum (cm^3)	6162
Leistung (PS/kW-/min)	430/316-5900
Verdichtung	10,7:1
Ventilsteuerung	OHV, zentrale Nockenwelle
Gemischaufbereitung	Sequentielle Einspritzung (SFI)
Getriebe	Sechsgang-Automatikgetriebe
Bereifung	v. P245/40R18, h. P285/35R19
Bremsanlage	Hydraulische Zweikreis-Scheibenbremsen rundum
Radstand (mm)	2685
L x B x H (mm)	4435 x 1845 x 1245
Leergewicht trocken (kg)	ab 1465
Höchstgeschw. (km/h)	306 (Coupé)
Stückzahl	35.310
Preise in Euro	65.290 (Coupé); 74.950 (Cabrio); 88.105 (Z06)
Weitere Motoren	7,0-Liter-V8 mit 505/371-6300 (Z06)
Weitere Getriebe	Sechsgang-Schaltgetriebe (2 verschiedene)

2008 fungierte der neue LS3-Motor mit 430 PS als Standard-Triebwerk in der Corvette. (Foto: © GM Media)

505 Exemplare des Sondermodells »427-Limited Edition« entstanden 2008. (Foto: © GM Media)

2008 gab es ein weiteres »Pace Car«-Sondermodell, das als Coupé und Cabrio erhältlich war. (Foto: © GM Media)

2009

Die Verkaufszahlen stürzten wegen der in den USA besonders schweren Wirtschaftskrise des Jahres 2009 um über die Hälfte auf nur 16.956 Einheiten ab. Und ausgerechnet in diesem Jahr präsentierte Chevrolet die bis dato teuerste Corvette: die ZR1. Schon von außen ließ das neue Topmodell keine Zweifel daran, dass hier Leistung im Überfluss vorhanden war. Angefangen bei den jetzt zweigeteilten Motorraumentlüftungen in den vorderen Kohlefaser-Kotflügeln über das in Sichtkarbon gehaltene Dach samt B-Säulen, den lackierten Heckspoiler sowie - der Hingucker schlechthin - die Kohlefaser-Motorhaube mit Polycarbonat-Fenster, unter dem sich der Ladeluftkühler zeigt. Der wiederum ist ein untrügerisches Anzeichen für Aufladung, in diesem Fall ein Eaton-Kompressor, der dem 6,2-Liter-Aggregat zu 638 PS und 819 Nm Drehmoment verhilft. Die brandneue LS9-Maschine wurde auch im »Performance Build Center« von Hand gefertigt. Angeflanscht an das Triebwerk war ein verstärktes Sechsgang-Getriebe. Natürlich wurden das Fahrwerk und die (Brembo)-Bremsen auf die vorhandenen Kräfte abgestimmt. Vielspeichige Felgen in 19 und 20 Zoll Durchmesser rundeten das Kraftpaket ab.

Modelljahr 2009	
Motor	V8
Bohrung/Hub (mm)	103,25 x 92
Hubraum (cm³)	6162
Leistung (PS/kW-/min)	430/316-5900
Verdichtung	10,7:1
Ventilsteuerung	OHV, zentrale Nockenwelle
Gemischaufbereitung	Sequentielle Einspritzung (SFI)
Getriebe	Sechsgang-Automatikgetriebe
Bereifung	v. P245/40R18, h. P285/35R19
Bremsanlage	Hydraulische Zweikreis-Scheibenbremsen rundum
Radstand (mm)	2685
L x B x H (mm)	4435 x 1845 x 1245
Leergewicht trocken (kg)	ab 1465
Höchstgeschw. (km/h)	306 (Coupé)
Stückzahl	16.956
Preise in Euro	66.950 (Coupé); 76.450 (Cabrio); 88.890 (Z06); 135.990 (ZR1)
Weitere Motoren	7,0-Liter-V8 mit 505/371-6300 (Z06); 6,2-Liter-V8 mit 638/469-6500 (ZR1)
Weitere Getriebe	Sechsgang-Schaltgetriebe (2 verschiedene)

Während die regulären Coupés und Cabrios nahezu unverändert blieben, spendierte man der Z06 etwas weiter ausgestellte Radläufe sowie neue, 10-speichige »Spider«-Felgen, die es gegen Aufpreis sogar in einer verchromten Variante gab.

Erwähnenswert sind die heute gesuchten Sondermodelle. Das »Competition Sport«-Modell war als Coupé (weiß oder schwarz) oder Z06 (silber oder schwarz) erhältlich, verfügte unter anderem über Rennsport-Pedale sowie graue Streifen und (nicht angebrachte) Startnummern, die auf der VIN basierten. Lediglich 20 Z06 und 55 Coupés entstanden. Mit der »GT1 Championship Edition« feierte GM den Erfolg der Renn-Corvette C6-R. Passend zur Lackierung der Wettbewerbsautos gab es gelb mit schwarzen und titanfarbenen Akzenten oder schwarz mit gelben und titanfarbenen Aufklebern. Insgesamt entstanden davon 17 Convertibles, 53 Coupés und 55 Z06.

2009 änderte sich äußerlich an den Corvette Coupés und Cabrios fast nichts. (Foto: © GM Media)

Die 2009 eingeführte Corvette ZR1 trägt unter einem Fenster in der Motorhaube ihren Ladeluftkühler zur Schau. (Foto: © GM Media)

Das 6,2-Liter Kraftwerk der Corvette ZR1, der LS9-Motor, leistet 638 PS und 819 Nm Drehmoment. (Foto: © GM Media)

Die Audio-Bedienknöpfe in der Lenkradspeiche gehörten ab 2009 zur Serienausstattung. (Foto: © GM Media)

Ab 2009 bot Chevrolet das Cabrio auch mit 1LT-Trim Level an, was den Einstiegspreis senkte. (Foto: © GM Media)

2010

Für das Modelljahr 2010 lancierte Chevrolet mit dem »Grand Sport«-Modell eine weitere Version der Corvette, erhältlich als Targa und Convertible. Motorseitig kam diese Version mit dem Standard-LS3-Triebwerk aus, die Optik mit den breiten Kotflügeln, Lufteinlässen in der Haube und vor den hinteren Radläufen orientierte sich jedoch an der darüber positionierten Z06. Als Unterscheidungsmerkmal dienen die mit zwei Kiemen versehenen Motorraumentlüftungen in den vorderen Kotflügeln. Ein Sportfahrwerk, verbesserte Bremsen und eine geänderte Getriebeübersetzung unterscheiden die »Grand Sport« zusätzlich von der Basis-Corvette.

Alle Ausführungen verfügten nun über »Keyless Access« serienmäßig, zudem erhielten Modelle mit Schaltgetriebe eine »Launch Control«, um die hohe Motorleistung ohne durchdrehende Räder auf die Straße bringen zu können.

Das Sondermodel-Einzelstück »Le Mans 50th Anniversary Edition« gab es für 85.000 Dollar - aber nur für denjenigen, der zuvor 300.000 Dollar an das National Corvette Museum in Bowling Green spendete.

Modelljahr 2010	
Motor	V8
Bohrung/Hub (mm)	103,25 x 92
Hubraum (cm³)	6162
Leistung (PS/kW-/min)	430/316-5900
Verdichtung	10,7:1
Ventilsteuerung	OHV, zentrale Nockenwelle
Gemischaufbereitung	Sequentielle Einspritzung (SFI)
Getriebe	Sechsgang-Automatikgetriebe
Bereifung	v. P245/40R18, h. P285/35R19
Bremsanlage	Hydraulische Zweikreis-Scheibenbremsen rundum
Radstand (mm)	2685
L x B x H (mm)	4435 x 1845 x 1245
Leergewicht trocken (kg)	ab 1465
Höchstgeschw. (km/h)	306 (Coupé)
Stückzahl	12.194 (2010); 13.573 (2011)
Preise in Euro	66.950 (Coupé); 76.450 (Cabrio); 88.890 (Z06); 135.990 (ZR1)
Weitere Motoren	7,0-Liter-V8 mit 505/371-6300 (Z06); 6,2-Liter-V8 mit 638/469-6500 (ZR1)
Weitere Getriebe	Sechsgang-Schaltgetriebe (2 verschiedene)

Die 2010er Corvette Grand Sport kombiniert den LS3-Motor mit Z06-Optikelementen. (Foto: © GM Media)

»Hash Marks« auf dem Kotflügel sind Teil des Heritage Package, erhältlich für die Corvette Grand Sport. (Foto: © GM Media)

Bei der 2010er Corvette »Le Mans 50th Anniversary Edition« handelt es sich um ein Einzelstück. (Foto: © GM Media)

2011

Viele Änderungen gab es nicht für das Corvette-Modelljahr 2011. Am auffälligsten waren sicher die neuen Leichtmetallfelgen im Fünf-Speichen-Design für das Basismodell, die entweder silberfarben, grau, mit glanzgedrehter Oberfläche oder verchromt erhältlich waren. Innen erhielt die Corvette ebenfalls kleine Verbesserungen, unter anderem neu gestaltete Kopfstützen.

Bei den Grand-Sport-Modellen gab es jetzt optional auch das »Magnetic Ride Control«, das für merklich besseren Fahrkomfort sorgte, ohne dabei das Handling negativ zu beeinflussen. Die interessantesten Veränderungen fand man aber in der Zubehörliste der Z06. Zum einen das »Ultimate Performance Package« (RPO Z07), das zum Beispiel Brembo-Keramik-Bremsen, größere 20-Zoll-Felgen und das Magnetic Selective Ride Control beinhaltete, sowie das RPO CFZ (Carbon Fiber Package), welches jede Menge namensgebende Kohlefaser-Karosserieteile beinhaltete.

Sammler wurden mit der auf 500 Exemplare limitierten Corvette Z06 »Carbon Limited Edition« gelockt, die nur in Supersonic-Blau oder Inferno-Orange zuhaben waren.

Modelljahr 2011	
Motor	V8
Bohrung/Hub (mm)	103,25 x 92
Hubraum (cm³)	6162
Leistung (PS/kW-/min)	430/316-5900
Verdichtung	10,7:1
Ventilsteuerung	OHV, zentrale Nockenwelle
Gemischaufbereitung	Sequentielle Einspritzung (SFI)
Getriebe	Sechsgang-Automatikgetriebe
Bereifung	v. 245/40R18, h. 285/35R19
Bremsanlage	Hydraulische Zweikreis-Scheibenbremsen rundum
Radstand (mm)	2685
L x B x H (mm)	4435 x 1845 x 1245
Leergewicht trocken (kg)	ab 1465
Höchstgeschw. (km/h)	306 (Coupé)
Stückzahl	12.194 (2010); 13.573 (2011)
Preise in Euro	66.950 (Coupé); 76.450 (Cabrio); 88.890 (Z06); 135.990 (ZR1)
Weitere Motoren	7,0-Liter-V8 mit 505/371-6300 (Z06); 6,2-Liter-V8 mit 638/469-6500 (ZR1)
Weitere Getriebe	Sechsgang-Schaltgetriebe (2 verschiedene)

Auf Grund des sehr hohen Preises war die Corvette Z06 »Carbon Limited Edition« lange nicht ausverkauft. (Foto: © GM Media)

2012

Größere Modifikationen blieben auch für 2012 aus. Allerdings hatte man bei GM den Kunden Gehör geschenkt und ging auf einige der Änderungswünsche ein. So standen beispielsweise die Corvette-Sitze schon seit langem in der Kritik zu wenig Seitenhalt zu bieten. Deshalb erhielten sie eine Überarbeitung mit verstärkten Wangen, neuer Rückenlehne und anderen Kopfstützen. Ein etwas modernisiertes 3-Speichen-Volant mit verchromten Spangen an den Speichen und Modell-spezifischem Emblem hielt ebenfalls Einzug und gehört zu den deutlichsten Merkmalen des 2012er-Jahrgangs.

Äußerlich hielten sich die Unterschiede noch mehr in Grenzen. Vier wählbare Farben (Silber, Grau, Rot und Gelb) für die Bremssättel gehörten da noch zu den auffälligsten.

Bemerkenswert ist noch das Sondermodell »Centennial Edition«, das als Targa oder Cabrio, Grand Sport, Z06 oder ZR-1 bestellbar war. Es kam immer in schwarz mit seidenmattschwarzen Streifen und Felgen in derselben Farbe daher, stets akzentuiert von roten Bremssätteln.

Modelljahr 2012	
Motor	V8
Bohrung/Hub (mm)	103,25 x 92
Hubraum (cm³)	6162
Leistung (PS/kW-/min)	430/316-5900
Verdichtung	10,7:1
Ventilsteuerung	OHV, zentrale Nockenwelle
Gemischaufbereitung	Sequentielle Einspritzung (SFI)
Getriebe	Sechsgang-Automatikgetriebe
Bereifung	v. P245/40R18, h. P285/35R19
Bremsanlage	Hydraulische Zweikreis-Scheibenbremsen rundum
Radstand (mm)	2685
L x B x H (mm)	4435 x 1845 x 1245
Leergewicht trocken (kg)	ab 1465
Höchstgeschw. (km/h)	306 (Coupé)
Stückzahl	11.647
Preise in Euro	71.900 (Coupé); 78.240 (Cabrio) 92.500 (Z06); 136.390 (ZR1)
Weitere Motoren	7,0-Liter-V8 mit 505/371-6300 (Z06) 6,2-Liter-V8 mit 638/469-6500 (ZR1)
Weitere Getriebe	Sechsgang-Schaltgetriebe (2 verschiedene)

Eine 2012er Corvette Z06 als Sondermodell »Centennial Edition«. (Foto: © GM Media)

2013

2013 markierte den 60. Geburtstag der Corvette und zugleich das letzte Modelljahr der C6-Generation, die - wie man es von GM gewohnt ist - mit einem Sonderausstattungspaket und einem ganz speziellen Sondermodell verabschiedet wurde.

Unter dem Regular Production Code (RPO) Z25 konnte das »60th Anniversary Design Package« geordert werden - und zwar für alle Modelle, von der Basis bis zur ZR-1. Allerdings war dafür immer Voraussetzung, dass das jeweilig höchste Trim-Level-Package bereits angekreuzt war. 2059 Modelle verließen mit dem Z25-Paket das Werk, immerhin ein Sechstel der Gesamtproduktion des 2013er Modelljahrgangs.

GM setzte aber noch einen drauf und brachte die bis dahin schnellste und stärkste offene Corvette auf den Markt, die »427 Convertible Collector Edition«. Sie verband Elemente der Z06 und der ZR-1, unter der Haube ein handgefertigtes 505 PS-LS7-Triebwerk, stets gekoppelt an ein Schaltgetriebe.

Bereits am 28. Februar 2013 verließ die letzte C6-Corvette die Fertigungsstraße. Es war eine arctic-weiße »427 Convertible Collector Edition«.

Modelljahr 2013	
Motor	V8
Bohrung/Hub (mm)	103,25 x 92
Hubraum (cm³)	6162
Leistung (PS/kW-/min)	430/316-5900
Verdichtung	10,7:1
Ventilsteuerung	OHV, zentrale Nockenwelle
Gemischaufbereitung	Sequentielle Einspritzung (SFI)
Getriebe	Sechsgang-Automatikgetriebe
Bereifung	v. 245/40R18, h. 285/35R19
Bremsanlage	Hydraulische Zweikreis-Scheibenbremsen rundum
Radstand (mm)	2685
L x B x H (mm)	4435 x 1845 x 1245
Leergewicht trocken (kg)	ab 1465
Höchstgeschw. (km/h)	306 (Coupé)
Stückzahl	13.466
Preise in Euro	75.758 (Coupé); 82.257 (Cabrio) 94.813 (Z06);139.800 (ZR1)
Weitere Motoren	7,0-Liter-V8 mit 505/371-6300 (Z06) 6,2-Liter-V8 mit 638/469-6500 (ZR1)
Weitere Getriebe	Sechsgang-Schaltgetriebe (2 verschiedene)

In ihrem letzten Modelljahr blieb die Corvette nahezu unverändert, hier eine 2013er Grand Sport. (Foto: © GM Media)

Auch die 2013er Corvette Grand Sport erkannte man an den doppelten »Kiemen« in den Kotflügeln. (Foto: © GM Media)

Das Beste zum Schluss: 2013er Corvette 427 Convertible Collector Edition mit »60th Anniversary Design Package«. (Foto: © GM Media)

2014

Die siebte, bis auf zwei Teile komplett neue Corvette-Generation kam als Targa und Convertible auf den Markt und trug wieder die alte und klangvolle Zusatzbezeichnung »Stingray«.

Rückgrat der C7 war ein komplett neuentwickelter Aluminium-Rahmen mit Stärken von zwei bis elf Millimetern, der extra so konstruiert wurde, dass eine perfekte Gewichtsverteilung von 50/50 möglich wurde. Daran befestigt sind Kotflügel, Türen und hintere Seitenteile aus modernen Verbundwerkstoffen, während, Haube und Dachpaneel aus reinem Kohlefaser bestanden. Die Gestaltung der Kunststoffhülle ließ keinen Zweifel daran aufkommen, dass es sich hier um eine Corvette handelt. Merkmale von Kampfjets und Stachelrochen zeichnen die siebte Generation aus, beide darauf ausgelegt, möglichst schnell durch Luft und Wasser zu schneiden. Entsprechend scharf war das Kleid der C7 gezeichnet, dazu mit einem um etwa 2,5 Zentimeter verlängerten Radstand und ebenso viel verbreiterter Spur vorne und hinten versehen.

Im Innenraum zeigen sich edle Materialien wie Karbon, Aluminium und handgenähtes Leder im neugestalteten und mit zwei konfigurierbaren 8-Zoll-Displays versehenen Cockpit. Zur Gewichtsoptimierung gab es sowohl für den GT-Sitz als auch für die Competition-Sport-Sessel Sitzgestelle aus einer ultraleichten Magnesium-Legierung.

Unter der langen Haube befand sich nun ein komplett neu entwickelter LT1-V8-Motor der fünften Generation. Das mit einer Kraftstoff-Direkteinspritzung, aktivem Kraftstoffmanagement sowie voll variabler Ventilsteuerung ausgerüstete 6,2-Liter-Triebwerk leiste 455 PS bei 6000/min und verfügte über wuchtige 620 Nm Drehmoment.

Modelljahr 2014	
Motor	V8
Bohrung/Hub (mm)	103,25 x 92
Hubraum (cm³)	6162
Leistung (PS/kW-/min)	455/339-6000
Verdichtung	11,5:1
Ventilsteuerung	OHV, zentrale Nockenwelle
Gemischaufbereitung	Direkteinspritzung
Getriebe	Siebengang-Schaltgetriebe
Bereifung	v. 245/40R18, h. 285/35R19 oder v. 245/35R19, h. 285/30R20
Bremsanlage	Hydraulische Zweikreis-Scheibenbremsen rundum
Radstand (mm)	2710
L x B x H (mm)	4495 x 1875 x 1235
Leergewicht trocken (kg)	ab 1500 kg
Höchstgeschw. (km/h)	297 (Coupé)
Preis in Euro	69.990 (Coupé)
Weitere Motoren	V8-6,2-Liter (+Z51) mit 460 PS (EU)
Weitere Getriebe	Sechsgang-Automatikgetriebe

Es gab drei Ausstattungslinien mit den Codes 1LT, 2LT und 3LT. Das nach wie vor erhältliche Z51 Performance Package umfasste unter anderem ein elektronisches Sperrdifferenzial, Trockensumpfschmierung, ein integriertes Kühlsystem für Differenzial und Getriebe an der Hinterachse, geschlitzte und an der Vorderachse vergrößerte Bremsscheiben, ein Spoiler-Paket für mehr Abtrieb sowie eine modifizierte Abgasanlage, die für fünf Pferdestärken mehr sorgte.

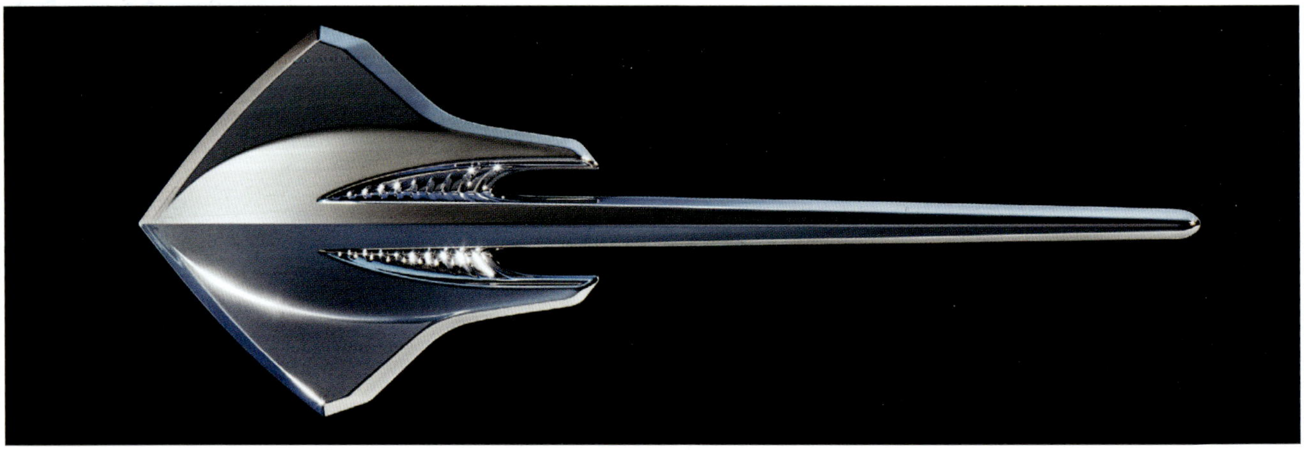

Stilisierter Stachelrochen als Emblem an der neuen Corvette Stingray. (Foto: © GM Media)

Die vier dreidimensionalen LED-Rückleuchten waren erstmals rechteckig bei einer Corvette. (Foto: © GM Media)

Xenon-Scheinwerfer gab es bei der C7 serienmäßig. (Foto: © GM Media)

Ab Werk hatte die Corvette Michelin Pilot Super Sport ZP Reifen auf Felgen mit 18 und 19 Zoll Durchmesser. (Foto: © GM Media)

Die 2014er Corvette Stingray erhielt mit dem LT1-Motor einen brandneuen 6,2-Liter-V8 mit 455 PS. (Foto: © GM Media)

Zwei konfigurierbare 8-Zoll-Displays prägen das Armaturenbrett der 2014er Corvette Stingray. (Foto: © GM Media)

Auch die siebte Generation gab es zum Marktstart direkt wieder als Convertible. (Foto: © GM Media)

Auch mit geschlossenem Stoff-Verdeck macht das 2014er Corvette Stingray Convertible eine gute Figur. (Foto: © GM Media)

2015

Modelljahr 2015	
Motor	V8 Zylinder
Bohrung/Hub (mm)	103,25 x 92
Hubraum (cm^3)	6162
Leistung (PS/kW-/min)	455/339-6000
Verdichtung	11,5:1
Ventilsteuerung	OHV, zentrale Nockenwelle
Gemischaufbereitung	Direkteinspritzung
Getriebe	Siebengang-Schaltgetriebe
Bereifung	vorn 245/40R18, hinten 285/35R19 oder vorn 245/35R19, hinten 285/30R20
Bremsanlage	Hydraulische Zweikreis-Scheibenbremsen rundum
Radstand (mm)	2710
L x B x H (mm)	4495 x 1875 x 1235
Leergewicht trocken (kg)	ab 1500 kg
Höchstgeschw. (km/h)	297 (Coupé)
Preis in Euro	€ 74.500 (Coupé) € 79.500 (Cabrio)
Weitere Motoren	V8-6,2-Liter (+Z51) mit 460 PS (EU) V8-6,2-Liter mit 650 PS (Z06)
Weitere Getriebe	8-Gang-Automatikgetriebe

Mit dem Modelljahr 2015 zündete Chevrolet die nächste Leistungsstufe im Corvette-Programm und brachte die Z06 an den Start - die bis dahin leistungsstärkste Corvette aller Zeiten. Herzstück war der mittels Eaton-Kompressor aufgeladene LT4-Motor, der 650 PS bei 6400/min und 881 Nm bei 3600/min bereitstellte. Das reichte für eine Viertelmeilen-Zeit von 11,20 Sekunden mit dem 7-Gang-Schaltgetriebe oder noch zügigere 10,95 Sekunden mit der neuen, sehr leichten 8-Gang-Automatik (übrigens für alle Corvette C7 erhältlich). Doch nicht nur geradeaus ging in der Z06, sie erreichte auch eine Querbeschleunigung von 1,2 g.

Dank des neuen, noch steiferen Rahmens war es jetzt nicht nur möglich, die Z06 mit einem Targa-Dach anzubieten, sondern sogar als Convertible. Beiden Karosserievarianten gemein waren natürlich die speziellen Z06-Merkmale wie breitere Kotflügel vorne und hinten, Lufteinlässen vor den hinteren Radläufen, einem Z06-eigenen Aerodynamik-Paket sowie einem eigenen Heck mit weiter auseinander liegenden Rückleuchten.

Die Stingray-Modelle blieben weitestgehend unverändert, neben dem bereits erwähnten 8-Gang-Automatikgetriebe gab es nur einige neue Optionen.

Dafür konnte man das Basismodell mit zwei frischen Paketen ausstatten, entweder mit dem »Atlantic Design Package« oder dem »Pacific Design Package«. Während letztgenanntes performanceorientiert und nur als Targa erhältlich war, lag der Fokus der ausschließlich als Cabrio verfügbaren Atlantik-Variante ganz klar auf Komfort. Voraussetzung für beide war dazu immer die Wahl des Z51-Pakets sowie mindestens Trimlevel 2LT. Besonders nett: Das Convertible hatte neben diversen anderen Ausstattungsmerkmalen ein zur Optik des »Atlantic Design Package« passendes Kofferset!

2015 erweiterte Chevrolet das Corvette-Programm um die 650 PS starke Z06. (Foto: © GM Media)

»Pacific Design Package« nannte sich das performanceorientierte Sondermodell, das es nur als Targa gab. (Foto: © GM Media)

Verchromte Felgen zeichnen das nur als Convertible erhältliche »Atlantic Design Package« aus. (Foto: © GM Media)

2016

Für 2016 gab es einen Preisaufschlag für die Stingray von immerhin 5.000, für das Z06-Coupé von satten 15.000 Euro. Der Preisabstand zu vergleichbaren Sportwagen blieb trotzdem extrem hoch. Die bemerkenswertesten Änderungen waren ein nun unten abgeflachtes, kleineres Lenkrad sowie Verbesserungen beim In Car Entertainment und der Konnektivität.

Drei neue Pakete wurden angeboten: das »Twilight Blue Design Package«, das »Spice Red Design Package« sowie das » Jet Black Suede Design Package«. Voraussetzung dafür war immer das Ankreuzen der höchsten Ausstattungslinie 3LT. Alle drei Pakete waren wahlweise mit Stingray Targa- oder Cabrio-Karosserie kombinierbar, aber nicht mit der Z06.

Die war 2016 als auf 500 Exemplare limitiertes Sondermodell »C7R Edition« zu haben. Stets mit dem Z07-Package ausgerüstet kam sie mit einer Brembo-Keramik-Verbundbremsanlage und einer noch breiteren, von Michelin entwickelten Bereifung zum Kunden, nämlich vorn mit 285/30ZR-19 Reifen auf schwarzen 10x19-Zoll-Rädern und hinten mit 335/25ZR-20 Reifen auf 12x20 Zoll messenden Felgen.

Modelljahr 2016	
Motor	V8 Zylinder
Bohrung/Hub (mm)	103,25 x 92
Hubraum (cm³)	6162
Leistung (PS/kW-/min)	455/339-6000
Verdichtung	11,5:1
Ventilsteuerung	OHV, zentrale Nockenwelle
Gemischaufbereitung	Direkteinspritzung
Getriebe	Siebengang-Schaltgetriebe
Bereifung	vorn 245/40R18, hinten 285/35R19 oder vorn 245/35R19, hinten 285/30R20
Bremsanlage	Hydraulische Zweikreis-Scheibenbremsen rundum
Radstand (mm)	2710
L x B x H (mm)	4495 x 1875 x 1235
Leergewicht trocken (kg)	ab 1500 kg
Höchstgeschw. (km/h)	297 (Coupé)
Preis (€)	€ 79.500 (Coupé) € 84.500 (Cabrio) € 114.500 (Z06 Coupé) € 119.500 (Z06 Cabrio)
Weitere Motoren	V8-6,2-Liter (+Z51) mit 460 PS (EU) V8-6,2-Liter mit 650 PS (Z06)
Weitere Getriebe	8-Gang-Automatikgetriebe

Das Farbschema der »C7R Edition«, die es nur als Z06 gab, orientierte sich an dem der C7.R-Rennwagen. (Foto: © GM Media)

Das »Twilight Blue Package« kam bei diesem 2016er Corvette Z06 Convertible zum Einsatz. (Foto: © GM Media)

Ein 2016er Stingray Convertible mit »Jet Black Suede Design Package«. (Foto: © GM Media)

2017

Nachdem die normale Stingray-Corvette und die Z06 praktisch unverändert ins neue Modelljahr gingen, präsentierte Chefingenieur Tadge Juechter eine neue Corvette-Variation, die »Grand Sport«. Dieser geschichtsträchtige Name tauchte bereits 1963 das erste Mal auf. Da entstanden fünf Corvette, die diese Bezeichnung trugen. Im Jahr 1996 folgte eine 1000 Exemplare umfassende Sonderserie mit demselben Namen und von 2010 bis 2013 wurde die Grand Sport-Variante zu einem eigenständigen Modell.

Wie gehabt sortierte sich die Grand-Sport-Corvette zwischen Basis und Z06 ein, bekam den »kleinen« V8 aber serienmäßig mit dem Performance-Auspuff, was für 460-Serien-PS sorgte. Karosserieseitig stand die breite Z06 Pate; breitere Spur, Splitter und Spoiler inklusive. Eigenständig gestaltet waren die Luftauslässe in den vorderen Kotflügeln und die Leichtmetallfelgen.

Mit dem elektronischen Sperrdifferenzial, der Magnetic-Ride Control, speziell angestimmten Stabis und Federn sowie dem größeren Brembo-Bremssystem hatte man die Corvette Grand Sport ganz auf Rennstreckentauglichkeit getrimmt.

Auch die Z07-Option war bestellbar und es gab die Grand Sport sowohl als Targa, als auch als Convertible. Darüber hinaus war 2017 noch die Grand Sport »Collector Edition« im Angebot, von der 784 Targas und 151 Cabrios gebaut wurden.

Modelljahr 2017	
Motor	V8 Zylinder
Bohrung/Hub (mm)	103,25 x 92
Hubraum (cm³)	6162
Leistung (PS/kW-/min)	455/339-6000
Verdichtung	11,5:1
Ventilsteuerung	OHV, zentrale Nockenwelle
Gemischaufbereitung	Direkteinspritzung
Getriebe	Siebengang-Schaltgetriebe
Bereifung	vorn 245/40R18, hinten 285/35R19,ww. oder vorn 245/35R19, hinten 285/30R20
Bremsanlage	Hydraulische Zweikreis-Scheibenbremsen rundum
Radstand (mm)	2710
L x B x H (mm)	4495 x 1875 x 1235
Leergewicht trocken (kg)	ab 1500 kg
Höchstgeschw. (km/h)	297 (Coupé)
Preis in Euro	€ 79.500 (Coupé) € 84.500 (Cabrio) € 116.900 (Z06 Coupé) € 121.900 (Z06 Cabrio)
Weitere Motoren	V8-6,2-Liter (+Z51) mit 460 PS (EU) V8-6,2-Liter mit 650 PS (Z06)
Weitere Getriebe	8-Gang-Automatikgetriebe

Spitzenmodell war auch 2017 die Z06. (Foto: © GM Media)

Die Corvette Grand Sport gab es 2017 auch als »Collector Edition« in graumetallic mit blauen »Hash Marks«. (Foto: © GM Media)

Merkmal der »Collector Edition« Corvette Grand Sport war das Interieur in »Tension Blau«. (Foto: © GM Media)

2018

Auffälligste Änderung des 2018er Modelljahrs waren die nun auch bei der Stingray serienmäßig 19 und 20 Zoll großen Leichtmetallfelgen, ansonsten erhielten alle drei Modelle (Stingray, Grand Sport und Z06) lediglich kleine Verbesserungen.

Herauszustellen ist auf jeden Fall das auf 650 Exemplare limitierte Sondermodell »Carbon 65 Edition«, das anlässlich des 65. Corvette-Geburtstags lanciert wurde. Als Basis konnte der Kunde dafür entweder eine Grand-Sport- oder Z06-Corvette wählen, die aber schon über das höchste Ausstattungspaket 3LT (beziehungsweise 3LZ bei der Z06) verfügen mussten. Neben besonderen Emblemen, Streifen und hier blauen Akzenten wurden Sicht-Carbon-Bauteile an verschiedenen Stellen verwendet, darunter beispielsweise der Heckspoiler, die Schwellerleisten und das Lenkrad. Als Außenfarbe kam immer »Ceramic Matrix«-Grau zum Einsatz, auseinanderhalten ließen sich Grand Sport und Z06 vor allem durch die unterschiedlichen Räder.

Modelljahr 2018	
Motor	V8 Zylinder
Bohrung/Hub (mm)	103,25 x 92
Hubraum (cm^3)	6162
Leistung (PS/kW-/min)	455/339-6000
Verdichtung	11,5:1
Ventilsteuerung	OHV, Zentrale Nockenwelle
Gemischaufbereitung	Direkteinspritzung
Getriebe	Siebengang-Schaltgetriebe
Bereifung	vorn 245/40R18, hinten 285/35R19 oder vorn 245/35R19, hinten 285/30R20
Bremsanlage	Hydraulische Zweikreis-Scheibenbremsen rundum
Radstand (mm)	2710
L x B x H (mm)	4495 x 1875 x 1235
Leergewicht trocken (kg)	ab 1500 kg
Höchstgeschw. (km/h)	297 (Coupé)
Preis in Euro	€ 80.400 (Coupé) € 85.400 (Cabrio) € 119.700 (Z06 Coupé) € 124.700 (Z06 Cabrio)
Weitere Motoren	V8-6,2-Liter (+Z51) mit 460 PS (EU) V8-6,2-Liter mit 650 PS (Z06)
Weitere Getriebe	8-Gang-Automatikgetriebe

Eine von 353 Z06 »Carbon 65 Edition«. (Foto: © GM Media)

Das Dekor trugen sowohl die Z06-Modelle als auch die 297 produzierten Grand Sport »Carbon 65 Edition«. (Foto: © GM Media)

Die 2018er »Carbon 65 Edition« Corvette war auf 650 Fahrzeuge limitiert. (Foto: © GM Media)

2019

2019 markierte das letzte Jahr für die Frontmotor-Corvette. Deshalb blieb bei Stingray, Grand Sport und Z06 auch tatsächlich alles beim Alten - bis auf zwei neue Außenfarben: »Elkhart Lake Blau« und »Shadow Grau«. Und trotzdem verabschiedete sich die siebte Generation mit einem Paukenschlag.

Chevrolet hatte noch mal alle Register gezogen und präsentierte die Corvette ZR1. Sagenhafte 755 PS bei 6300/min und 969 Nm Drehmoment katapultierten sie direkt in Supersportwagen-Gefilde. Auf diese Werte kam das LT5-Triebwerk mithilfe eines Eaton-Kompressors vom Typ TVS-R2650 samt Ladeluftkühlung und - gegenüber der Z06 - 52 Prozent mehr Luftdurchsatz! Befeuert wird das Kraftpaket durch zwei voneinander unabhängigen Kraftstoffsystemen, einer Direkteinspritzung und einer zusätzlichen Saugrohreinspritzung. Vier zusätzliche Kühler halfen die Betriebsflüssigkeiten auf Temperatur zu halten und erhöhten die Gesamtmenge an Wärmetauschern auf 13!

Da der gewaltige Kompressor nicht mehr zwischen die Zylinderbänke des 6,2-Liter-V8 passte, musste die Motorklappe an den höher positionierten Verdichter angepasst werden. Die so-

Modelljahr 2019	
Motor	V8 Zylinder
Bohrung/Hub (mm)	103,25 x 92
Hubraum (cm³)	6162
Leistung (PS/kW-/min)	455/339-6000
Verdichtung	11,5:1
Ventilsteuerung	OHV, zentrale Nockenwelle
Gemischaufbereitung	Direkteinspritzung
Getriebe	Siebengang-Schaltgetriebe
Bereifung	vorn 245/40R18, hinten 285/35R19 oder vorn 245/35R19, hinten 285/30R20
Bremsanlage	Hydraulische Zweikreis-Scheibenbremsen rundum
Radstand (mm)	2710
L x B x H (mm)	4495 x 1875 x 1235
Leergewicht trocken (kg)	ab 1500 kg
Höchstgeschw. (km/h)	297 (Coupé)
Preis in Euro	€ 91.450 (Coupé) € 110.050 (Cabrio) € 129.100 (Z06 Coupé) € 134.100 (Z06 Cabrio)
Weitere Motoren	V8-6,2-Liter (+Z51) mit 460 PS (EU) V8-6,2-Liter mit 650 PS (Z06) V8-6,2-Liter mit 755 PS (ZR-1)
Weitere Getriebe	8-Gang-Automatikgetriebe

Für eine 2019er Corvette ZR1 mussten mindestens 118.900 Dollar auf den Tisch des Hauses gelegt werden. (Foto: © GM Media)

genannte »Halo«-Haube wurde aus Kohlefaser gefertigt und besaß in der Mitte eine Öffnung, aus der die Ladeluftkühler-Kompressor-Einheit ein Stück weit herausragte.

Doch sie war nicht das einzige Unterscheidungsmerkmal gegenüber den schwächeren Geschwistern. So trug die ZR1 eine Frontschürze mit drei Kühlluft-Öffnungen, anders modellierte Motorraumentlüftungen in den Kotflügeln sowie einen modifizierten Unterboden für mehr Abtrieb und auf dem Heck einen niedrigen Flügel, der ganz auf Höchstgeschwindigkeit ausgelegt war. Optional ließ sich aber auch das ZTK »Track Performance Package« wählen, das unter anderem einen Kohlefaser-Frontsplitter mit seitlichen Winglets sowie einen hoch aufragenden und einstellbaren Heckflügel beinhaltete. Ebenfalls enthalten waren Michelin-Pilot-Sport-Cup-2-Reifen sowie spezifische Einstellmöglichkeiten des Magnetic-Ride-Control-Systems und des Chassis, alles ausgelegt auf möglichst hohe Kurvengeschwindigkeiten.

Jede der beiden ZR1-Varianten konnte entweder mit dem 7-Gang-Schaltgetriebe oder der 8-Gang-Automatikbox bestellt werden. Auch blieb dem Kunden die Wahl zwischen Cabriolet und Targa-Coupé. Keine Wahl blieb den deutschen Fans: Die EU-Vorschriften verhinderten die Zulassung der ZR1 in Europa.

Auch das ZR1 Convertible konnte mit dem »Track Performance Package« ausgestattet werden. (Foto: © GM Media)

Das exklusiv ausgestattete Cockpit der 2019er Corvette ZR1. (Foto: © GM Media)

2020+2021

Modelljahr 2020 und 2021	
Motor	V8 Zylinder
Bohrung/Hub (mm)	103,25 x 92
Hubraum (cm^3)	6162
Leistung (PS/kW-/min)	490/360-6450
Verdichtung	11,5:1
Ventilsteuerung	OHV, zentrale Nockenwelle
Gemischaufbereitung	Direkteinspritzung
Getriebe	8-Gang-Automatik (DKG)
Bereifung	vorn 245/35ZR19, hinten 305/30ZR20
Räder	vorn 8,5x20, hinten 11x20
Bremsanlage	Hydraulische Zweikreis-Scheibenbremsen rundum
Radstand (mm)	2723
L x B x H (mm)	4630 x 1933 x 1234
Leergewicht trocken (kg)	ab 1530 kg
Höchstgeschw. (km/h)	296
Preis in Euro	€ 99.000 (Coupé) € 106.000 (Cabrio)
Weitere Motoren	V8-6,2-Liter (+Z51) mit 495 PS (EU)

Seit Anbeginn der Corvette spielten ihre Schöpfer mit dem Gedanken, aus ihr einen Mittelmotor-Sportwagen zu machen, der es mit europäischen Sportwagen nicht nur auf der Rennstrecke, sondern auch auf der Straße aufnehmen könnte. Nicht ohne Grund gab es dutzende Mittelmotor-Corvette-Studien und -Prototypen. Sie beweisen, wie lange man bei Chevrolet schon über eine solche Konfiguration nachdachte, allen voran der legendäre Ingenieur Zora Arkus-Duntov.

Im Herbst 2019 war es dann endlich so weit: GM lancierte die C8, ausgelegt als Mittelmotor-Sportwagen mit einer Gewichtsverteilung von 40 zu 60 (vorne/hinten). Unter dem Kunststoffkleid befindet sich eine komplett neue Aluminiumguss-Rahmenstruktur, die rund um den zentralen Tunnel konstruiert ist. Ihre Verwindungssteifigkeit macht zum einen niedrige Schweller für leichten Ein- und Ausstieg sowie die Beibehaltung des beliebten Targa-Dachs möglich. Für noch mehr Festigkeit bei

Die 2020er Corvette Stingray in »Rapid Blau« mit Z51-Paket (Foto: © GM Media)

Im Vergleich zum Vorgänger sitzt die Kabine durch die Mittelmotorkonfiguration 42 cm weiter vorne. (Foto: © GM Media)

gleichzeitig geringem Gewicht sorgen Kohlefaser- und Fiberglas-Komponenten zusammen mit Kofferraumwannen und Armaturenbrett aus einer eigenentwickelten Glasfaser-Harz-Kombination, die so leicht ist, dass sie im Wasser nicht untergeht.

In jeder Hinsicht im Zentrum befindet sich das neue Herzstück der Corvette Stingray: Der 6,2 Liter große LT2-V8. Die tiefe Anordnung des Triebwerks sorgt für einen niedrigen Schwerpunkt des Wagens, was den Fahreigenschaften zugutekommt. 490 PS bei 6450/min und 630 Nm Drehmoment bei 5150/min hält der Saugmotor bereit, der ab Werk mit einer Trockensumpfschmierung ausgerüstet ist. Außerdem hat er wie der Vorgänger ein aktives Kraftstoffmanagement, das bei Bedarf vier Zylinder abschaltet. Im Z51-Paket ist wie gehabt ein Klappenauspuff enthalten, der die Leistung um fünf PS erhöht. Beide Versionen münden nicht mehr mittig, sondern in je zwei Endrohr-Paaren rechts und links.

An die neue Maschine angeflanscht ist jetzt ausschließlich ein neu entwickeltes 8-Gang-Doppelkupplungsgetriebe, das über Schaltwippen am Lenkrad bedient werden kann und die Kraft auf die Hinterräder überträgt. Die sind, wie die Vorderräder, erstmals mit Federbeinen kombiniert, was zusammen mit den Doppelquerlenkern für eine völlig neue, verbesserte Handling-Charakteristik sorgt. Zum Verzögern der Corvette stehen Brembo-Scheibenbremsen rundum serienmäßig zur Verfügung,

Als Ausstattungslinien gibt es wieder die 1LT, 2LT, 3LT und die Performance-Option Z51. Letztgenannte enthält unter anderem die mittlerweile vierte Generation des »Magnetic Ride Control«, ein Sportfahrwerk, leistungsstärkere Brembo-Bremsen, ein elektronisches Sperrdifferenzial, besagten Klappenauspuff sowie einen Front-Splitter und einen Heckspoiler.

Mit der Auswahl aus drei Sitztypen von »GT1« über »GT2« bis hin zu »Competition Sport« und sechs Sicherheitsgurt-Farben werden alle Kundenwünsche erfüllt. Das Lenkrad ist jetzt oben und unten abgeflacht, die Lenkung selbst hat eine variable Übersetzung. Generell können Fahrer aus sechs Fahrmodi wählen: Tour, Nässe, Sport, Track, MyMode (zur Individualisierung) sowie Z-Mode für eine Auswahl von High Performance Settings. Als Option kann ein Bose-Soundsystem mit insgesamt 14 Lautsprechern bestellt werden.

Wie gewohnt stehen den Kunden zwei Karosserievarianten zur Auswahl: Das Coupé mit herausnehmbarem Dachteil sowie das Convertible mit elektrisch betätigtem Hardtop.

Das C8 Convertible verfügt nicht über ein Stoff-Verdeck, sondern über ein elektrisch versenkbares Hardtop. (Foto: © GM Media)

2022

Für 2022 gibt es für die bisherigen C8-Modelle keine besonderen Neuerungen, nur die Preise sowie die Leistungsangaben (482 PS und 613 Nm) für den deutschen Markt wurden jeweils nach unten korrigiert. Die Grundausstattung 1LT wird hier nicht angeboten, sondern nur die zwei höheren Linien 2LT und 3LT. Das Z51-Paket haben alle Corvette für Deutschland serienmäßig an Bord.

Das neue Spitzenmodell Z06 sollte in den USA als Modell 2022 auf den Markt kommen, doch wegen der Corona-Pandemie ist sie verspätet erst für 2023 unterwegs.

Mit 5,5-Litern verfügt der neue LT6-V8 zwar über etwas weniger Hubraum als die Stingray, doch brilliert er mit doppelten oben liegenden Nockenwellen (DOHC) und Vierventil-Technik. So leistet der extrem drehfreudige Motor (bis 8600/min) auch ohne Aufladung 670 PS bei 8400/min und hält 626 Nm Drehmoment bei 6300/min parat.

Vorn wird es 275er-Reifen auf 20-Zoll-Rädern geben, hinten stehen die Dimensionen bei 345er-Reifen und 11 Zoll breiten 21-Zoll-Rädern schon fest. Die sitzen in breiten Radhäusern, die zusammen mit einer anderen Frontschürze, dem Heckdesign mit vier mittigen Endrohren und größeren Lufteinlässen vor den hinteren Radläufen Z06-spezifisch sind.

Modelljahr 2022	
Motor	V8 Zylinder
Bohrung/Hub (mm)	103,25 x 92
Hubraum (cm^3)	6162
Leistung (PS/kW-/min)	490/360-6450
Verdichtung	11,5:1
Ventilsteuerung	OHV, zentrale Nockenwelle
Gemischaufbereitung	Direkteinspritzung
Getriebe	8-Gang-Automatik (DKG)
Bereifung	vorn 245/35ZR19, hinten 305/30ZR20
Räder	vorn 8,5x20, hinten 11x20
Bremsanlage	Hydraulische Zweikreis-Scheibenbremsen rundum
Radstand (mm)	2723
L x B x H (mm)	4630 x 1933 x 1234
Leergewicht trocken (kg)	ab 1530 kg
Höchstgeschw. (km/h)	296
Preis in Euro	€ 89.900 (Coupé) € 96.400 (Cabrio)

Und als ob das nicht schon genug wäre, gibt es auch für die Z06 wieder ein optionales Z07-Paket, unter anderem mit Carbon-Keramik-Bremsscheiben, Kohlefaser-Felgen samt Michelin-Pilot-Sport-Cup-2-Reifen, feststehendem Heckflügel sowie einer Gewichtsersparnis von knapp 20 Kilo..

Die Z06 ist hier mit optionalem Z07-Paket zu sehen, zu dem auch der Heckflügel gehört. (Foto: © GM Media)

Auch die - wahlweise offene - Z06 ist nur mit 8-Gang-Doppelkupplungsgetriebe lieferbar. (Foto: © GM Media)

Die vier mittig angebrachten Endrohre (wie bei der C7) sind der Z06 vorbehalten. (Foto: © GM Media)

Callaways Cars auf Corvette-Basis

Reeves Callaway, ein junger, ehrgeiziger Rennfahrer, nahm 1973 einen Job als Trainer in Bob Bondurants Rennfahrerschule an. Dort schulte er einige Jahre mit Enthusiasmus angehende Fahrer, stellte dann aber fest, dass er noch mehr Fähigkeiten in sich trug. Die Aufladung von Verbrennermotoren mittels Turbolader hatte es ihm angetan. Schon 1905 von einem Schweizer Ingenieur namens Büchi erfunden, wurde der Turbolader im Automobilsektor erstmals beim 1961er Oldsmobile F-85 Jetfire in der Großserie eingesetzt. BMW griff die Idee Anfang der 70er-Jahre mit dem 2002 Turbo wieder auf, und Porsche brachte danach den auch heute noch begehrten Traumsportwagen 911 Turbo auf den Markt.

Für Callaway lag also nichts näher, als diese Technik an andere Großserienfahrzeuge anzupassen. Das Mitte der 70er-Jahre entwickelte Callaway-Turbo-System konnte man zwischen 1977 und 1984 für verschiedene Modelle der Hersteller BMW, Porsche, Audi, Mercedes und VW erwerben. Parallel dazu entstanden auch Turbo-Bausätze für Chevrolets Corvette. Dieses System bekam den Code C1.

Das folgende C2-System war zwar eine Totgeburt, doch sammelte Callaway weitere wertvolle Erfahrungen.

Von 1983 bis 1986 bot Callaway unter dem Code C3 auch für den Alfa-Sechszylinder eine Turboaufladung an, welche wohl in einer bescheidenen Stückzahl von etwas über 30 Exemplaren verkauft werden konnte.

Dann kam der Durchbruch. Für all diejenigen, denen die schon üppige Leistung der normalen Corvette immer noch nicht genug war, gab es von Callaway seit 1987 eine über Chevrolet bestellbare »Twin Turbo Option« C4. Dazu wurden völlig serienmäßige Corvette vom Produktionsstandort Bowling Green nach Old Lyme in Connecticut spediert, wo sie bei Callaway Engineering mit den beiden Turboladern versehen wurden, die eine Leistung von 345 PS ermöglichten - bei 240 PS in der Serie!

Auffällige Spoiler vorn und hinten, wesentlich breitere Reifen und Felgen (275/40ZR17 auf 9,5x17-Zoll-Rädern) waren die sichtbaren äußeren Merkmale der Turbo-Corvette. Die ersten vier Fahrzeuge wurden noch mit Austausch-Lkw-Motoren von Chevrolet aufgebaut, dann kamen modifizierte Serienaggregate zum Einsatz. Laut Werk waren die Callaways 285 km/h schnell. Alle hatten ein Schaltgetriebe, doch nach Kalifornien mit seinen strengen Abgasvorschriften durften sie nicht verkauft werden. Der Aufpreis gegenüber der Serien-Corvette war heftig: Stolze 20.000 Dollar verlangte Callaway für den Umbau. Ein Jahr später stieg der Preis auf 26.345 Dollar, 1990 auf 26.895 Dollar.

Für 1988 wurde das Ganze nochmals leistungsgesteigert. Nun standen über 380 PS zur Verfügung und das Drehmoment

Diese 1988er Callaway Twin-Turbo Corvette trägt das zu den 380 PS passende Body-Kit. (Foto: © Callaway)

erhöhte sich um mehr als 20 Prozent. Das verstärkte Automatikgetriebe (Aufpreis 6500 Dollar) wurde jetzt ebenso angeboten wie auch der Umbau des Cabrios. Bis zum Jahr zuvor hatte Callaway nur Corvette-Coupés modifiziert.

Parallel dazu entstand 1988 der Callaway »Sledgehammer«. Er leistete damals unfassbare 892 PS bei 6200 Umdrehungen und bot - schon bei 5250/min - sagenhafte 1047 Newtonmeter. Basis war ein in Handarbeit aufgebauter 350-CID-Motor, den Callaway mit zwei großen Turboladern beatmete. Mit einem Sechsgang-Schaltgetriebe ausgerüstet erreichte der straßenzugelassene »Sledgehammer« eine Höchstgeschwindigkeit von 409,99 km/h - Weltrekord! Und das inklusive Klimaanlage und kompletter Abgasanlage. Den dazugehörigen Karosseriebausatz nannte man »Callaway Aerobody«. Er wurde vom Designer Paul Deutschmann entworfen und war später als Karosserie-Kit für jede C4-Corvette erhältlich.

Ab Ende 1991 bot Callaway die neue Corvette ZR-1 ebenfalls mit erklecklicher Leistungssteigerung an: Statt der originalen 375 PS leistete seine Variante saftige 482 PS. Zusammen mit einer aerodynamischeren Optik reichte das für eine Höchstgeschwindigkeit von gut 300 km/h, womit sie eindeutig zu den Supersportwagen wie Lamborghini, Ferrari und Co. zählte. Die ZR-1 konnte bis etwa 1994/1995 geordert werden.

Code C5 bekam eine Aston-Martin-Variante und die sogenannten Supernatural-Corvette von 1992 hießen C6 (nicht zu verwechseln mit dem Basismodell, einer Corvette C4). Die C6-Maschine wies sorgfältig gehonte Zylinderlaufbahnen und etwas größeren Hub auf, was in einem Hubraum von 383 CID (6,3 Liter) resultierte. Ihre Leistung: hervorragende 404 PS. Basis war die 300-PS-starke LT-1 genannte Maschine aus der Serien-Corvette. Callaway gab jetzt immerhin eine Garantie von drei Jahren, beziehungsweise 36.000 Meilen auf seine Motoren.

Mit der C7 wollte man eine Corvette für die GT1-Renn-Kategorie aufbauen, die aber 1996 schon in der Vorqualifikation scheiterte. C8 und C9 waren Versionen für den Camaro respektive Impala SS, und C10 war reserviert für eine Corvette namens Ski Boat LE. C11 hieß die Range-Rover-Variante.

Im Jahre 1998 überraschte Callaway die Fachwelt mit einem weiteren Supersportwagen, dem schlicht C12 getauften Hochleistungssportler, der aus der Feder von IVM Engineering in Bad Friedrichshall bei Heilbronn stammte. Dort zur Serienreife entwickelt, stellte diese Firma damit ihre Kompetenz auch auf dem Automobilsektor wiederholt unter Beweis und wurde nun ein offizieller Hersteller.

20 dieser, auf der C5 basierenden, Fahrzeuge sind bis 2003 montiert worden und gingen meist über den großen Teich.

Die Callaway C12 basierte auf der fünften Corvette-Generation. (Foto: © Callaway)

Lediglich 20 Exemplare der Callaway C12 entstanden, hier ein Fahrzeug von 2001. (Foto: © Callaway)

Diese Callaway C12 trägt eine Kohlefaserkarosserie. (Foto: © Archiv Gerst)

550 PS schöpfte die C12 aus dem 6,8-Liter-V8. (Foto: © Archiv Gerst)

Das Interieur der Callaway C12 mit Kohlefaserkarosserie. (Foto: © Archiv Gerst)

Aus dieser Kleinserie ragt ein nochmals exotischeres Modell besonders hervor, der C12 mit Karbon-Optik. Ohne Turbo oder Kompressor sorgten neue Pleuel und Kolben sowie modifizierte Ein- und Auslasskanäle in Verbindung mit einem höheren Verdichtungsverhältnis für entsprechend mehr Dampf. Die 440 PS demonstrierten eindrucksvoll, was in der Corvette-Maschine steckte, obwohl der Hubraum belassen wurde.

Die Höchstgeschwindigkeit von 305 km/h sprach sowieso für sich. Brembo-Scheibenbremsen, eine geänderte Fahrwerksabstimmung und 19-Zoll-Räder rundeten mit der serienmäßigen ASR das Bild von der ultimativen Fahrmaschine ab, doch ESP kostete extra. Der Durchschnittsverbrauch lag mit 14,5 Litern auf 100 km erstaunlich niedrig, der cW-Wert mit 0,31 ebenso.

Die Codes C13 und C14 waren wieder für »Fremdfabrikate« reserviert. Die australischen Holden SVO sowie ein Mazdaspeed Protegé wurden unter diesen Bezeichnungen von Callaway Cars zwangsbeatmet.

Für die FIA-Rennserie entstand bei Callaway unter dem Code C15 die Corvette GT3 (Z06.R GT3). Doch der wirkliche Brüller gelang in Form der C16 auf Basis der C6-Corvette, welche auf der Los Angeles Show 2006 vorgestellt wurde. Die Produktion begann in 2007, motorseitig waren ein Eaton-Kompressor sowie ein Ladeluftkühler am Werk. Das führte bei einer Verdichtung von 10,4:1 zu 650 PS aus 6,2 Litern (378 CID) Hubraum, was diesen markanten Rennsportwagen auf 340 km/h brachte. Der etwas später lancierte Speedster hatte sogar 700 PS und katapultierte die Insassen in nur 3,2 Sekunden auf 100 km/h. Das hatte natürlich auch seinen Preis: Weit über 300.000 Dollar waren für ein so exklusives Gefährt anzulegen.

Zwischen 2005 und 2013 war die Callaway-Corvette C17 mit Saugmotoren und verschiedenen Leistungsstufen, von 450 bis 550 PS und Hubräumen von sechs bis sieben Liter, erhältlich. Darüber hinaus gab es auch zwangsbeatmete Modelle (jetzt Roots-Lader statt Turbo) mit bis zu 652 PS.

2012 ehrte Chevrolet unter dem Werks-Ausrüstungscode RPO (Regular Production Code) B2K »25th Anniversary Callaway« die Lancierung der Callaway Twin Turbo Corvette 1987. Von dem Kompressor-aufgeladenen und 620 PS starkem Sondermodell wurden 15 Coupes und elf Cabrios gebaut, alle handsigniert von Reeves Callaway persönlich.

LS2-Motor mit Kompressor der Callaway C16. (Foto: © Callaway)

Jede Callaway C16 basierte auf einer C6-Corvette, hier ein Cabrio mit den typischen D-förmigen Endrohren. (Foto: © Callaway)

Zwischen 2005 und 2013 wurde die Callaway C16 als Coupé, Cabrio und Speedster gebaut. (Foto: © Callaway)

Laut Hersteller schaffte jede Callaway C16 die Viertelmeile in 11,0 Sekunden bei 204,8 km/h. (Foto: © Callaway)

Leder- und Alcantara-Farben konnte der Callaway C16-Kunde individuell bestimmen. (Foto: © Callaway)

Der Kompressor dieses 2008er Callaway C16 Speedsters sitzt auf einer LS3-Maschine. (Foto: © Callaway)

Die extremste Variante der Callaway C16 war der Speedster. (Foto: © Callaway)

Lediglich zwei kleine Scheiben schützen die Insassen des Callaway C16 Speedster vor dem Fahrtwind. (Foto: © Callaway)

Statt vier Rückleuchten kam die Callaway C16 stets mit deren zwei aus. (Foto: © Callaway)

Die 757 PS-starke Callaway SC757 basierte auf der Corvette Z06 und wurde zwischen 2015 und 2019 gebaut. (Foto: © Callaway)

Mit der »25th Anniversary Edition« feiert Callaway das Bestehen von Callaway Competition in Deutschland. (Foto: © Callaway)

2014 ließ Callaway mit dem Aerowagen die Tradition des »Shooting Brake« wieder aufleben. (Foto: © Callaway)

Statt der originalen Heckklappe wird beim Callaway Aerowagen ein Kombi-ähnliches Heckteil montiert. (Foto: © Callaway)

Seit ein paar Jahren rüstet Callaway regelmäßig auch andere GM-Fahrzeuge mit sportlichen Motoren aus, hauptsächlich Camaros und neuerdings sogar Sport Trucks, also Pick-Up-Variationen aus dem großen General Motors-Portfolio. Daneben stellt Callaway auch heute noch Karbon-Komponenten als Zulieferer für so namhafte Firmen wie Porsche her.

In Anlehnung an gängige Shooting Brakes, also zweitürige Sportwagen mit Kombi-Heck à la Aston Martin oder Ferrari FF, brachte Callaway rechtzeitig zum Beginn des Modelljahres 2014 einen sogenannten Aerowagen auf Basis der C7-Corvette. Statt der serienmäßigen Glasklappe kommt hier ein einfach austauschbares Heckteil mit langem Dach und größeren Seitenscheiben zum Einsatz. Trotz des hohen Nutzwerts durch die geräumige Klappe verfügt der Aerowagen über eine durchaus sportliche Silhouette.

Ebenfalls für 2014 beauftragte Chevrolet die Firma Callaway Competition damit eine Corvette nach FIA-GT3-Regelement zu bauen. Daraus entstand die erfolgreiche C7 GT3-R. Und auch die straßenzugelassene Corvette C7 wurde als C20 ebenfalls von Callaway verbessert. Es gab zwei Modelle, die SC627 mit 6,2-Liter Hubraum sowie die SC757 mit 7,0-Liter Hubraum. Und natürlich soll auch von der C8 eine Callaway-Version entstehen.

Technische Daten und Preise der Callaway-Modelle von 1987 bis 2002	
Motoren	
1987	V8 Zylinder, 5,7-Liter, 345 PS (Corvette-Basis)
1988-1990	V8 Zylinder, 5,7-Liter, 382 PS (Corvette-Basis)
1991	V8 Zylinder, 5,7-Liter, 405 PS (Corvette-Basis)
1992-1996	V8 Zylinder, 5,7-Liter, 405 bis 450 PS (Corvette-Basis)
1992-1996	V8 Zylinder, 5,7-Liter, 475 bis 490 PS (ZR-1-Basis)
1997-2001	V8 Zylinder, 6,8-Liter, 550 PS Callaway C12 (Corvette-Basis)
1998-1999	V8 Zylinder, 6,8-Liter, 550 PS IVM Callaway C12 (Corvette-Basis)
2000-2003	V8 Zylinder, 6,8-Liter, 550 PS IVM Callaway C12 (Corvette-Basis)
Preise	
1987	ab 48.469 Dollar (184 Exemplare, Corvette-Basis)
1988	ab 56.300 Dollar (124 Exemplare, Corvette-Basis)
1989	ab 58.390 Dollar (69 Exemplare, Corvette-Basis)
1990	ab 59.374 Dollar (58 Exemplare, Corvette-Basis)
1991	ab 65.455 Dollar (62 Exemplare, Corvette-Basis)
1992	ca. 90.000 Dollar (ZR-1, Corvette-Basis)
1997-2001	ca. 350.000 Mark (Callaway C12, 20 Stück)
2002	ca. 185.000 Euro (Callaway C12, Carbon-Look: plus 35.000 Euro)

Die C8 brachte Callaway als limitierte »B2K Anniversary Edition« auf den Markt. (Foto: © Callaway)

Das Sondermodell trägt spezielle Sicht-Carbon-Teile sowie 9x19 und 11,5x20 Zoll Schmiedefelgen. (Foto: © Callaway)

Die Corvette im Motorsport

Generation C1

Da die Corvette als echter Sportwagen konzipiert war, stand fest, dass auch Rennen mit ihr bestritten werden sollten. Doch die ersten drei Jahre waren nur Privatfahrer bei kleineren lokalen Rennveranstaltungen damit unterwegs. Die betagten, aufgepeppten Sechszylinder hatten gegen die V8-Konkurrenz oder die leichten europäischen Roadster keine Chance.

Die erste richtig erfolgreiche Corvette war die sogenannte Sebring-Corvette SR2 von 1956, mit der in Sebring das Endurance Race im selben Jahr gewonnen wurde. Auch im darauffolgenden Jahr startete die Corvette als Super-Sport-Modell (»SS«, zwei Exemplare), die in Sebring jedoch nur ein kurzes Gastspiel geben konnten.

Im Jahre 1959 wurden die beiden SS-Corvette für Daytona wieder hervorgeholt. Ihre Höchstgeschwindigkeit betrug imposante 250 km/h. Doch Erfolg stellte sich leider nicht ein.

Auf dem Fahrgestell eines dieser beiden Fahrzeuge wurde dann 1960 die erste Sting-Ray-Karosserie aufgebaut. Und im selben Jahr startete eine Mannschaft mit drei Corvette unter der Leitung von Briggs Cunningham in Le Mans. Dabei sprang ein Klassensieg in der Klasse »Big Bore GT« heraus.

Im gleichen Jahr, nochmals in Sebring, kam eine Corvette auf den 2. Platz in der Klasse A »Production Cars«..

Zora Arkus-Duntov am Steuer der Corvette SS. (Foto: © GM Media)

Die 1959er Corvette Stingray Concept durfte nur kurz Rennen bestreiten, diente danach als Versuchsträger. (Foto: © GM Media)

Generation C2

Mit der zweiten Generation gab es im 12-Stunden-Rennen in Sebring weitere Erfolge zu verzeichnen. In zwei Jahren, nämlich 1964 und 1966, konnte Chevrolet mit der Corvette jeweils wieder einen Klassensieg holen. 1967 fielen die eingesetzten Corvette aus. Nur in Le Mans konnte mit 276 km/h immerhin ein neuer Geschwindigkeitsrekord aufgestellt werden.

Eine von nur fünf gebauten und 485 PS starken 1963er Corvette Grand Sport. (Foto: © GM Media)

Generation C3

Auch die dritte Corvette-Generation setzte die Erfolgsserie fort. Mit dem neuen Coke-Bottle-Modell konnten bei den 24 Stunden von Daytona 1968, 1970 und 1971 immerhin drei Mal Siege eingefahren werden.

Bittere Pille für 1972: bereits nach zehn Stunden fiel die Corvette in Daytona mit einem Schaden im Antriebsstrang aus. Ein Sieg in der GT-Klasse in Sebring wetzte die Scharte wieder aus, und in Le Mans konnte sogar wiederum ein neuer Geschwindigkeitsrekord aufgestellt werden, immerhin knapp 340 km/h (64 km/h mehr als noch 1967).

Die Jahre 1975 bis 1981 brachten insgesamt vier Trans-Am-Siege und 1980 gewann auf dem Utah-Salzsee eine 68er Corvette den Titel in der GT-Klasse. Von zwei Turboladern zwangsbeatmet erreichte sie Geschwindigkeiten von bis zu 387 km/h. Auch in den Trans-Am-Rennen der 80er-Jahre waren Corvette häufig auf Sieg abonniert.

Generation C4

Mit der schon im Frühjahr 1983 erschienen 84er Corvette der vierten Generation konnte man die Trans-Am-Siegesserie fortsetzen. In den Jahren 1985 bis 1987 gelangen verschiedenen Corvette mit Z51-Paket weitere Erfolge beim SCCA Escort Endurance Championship. Diese Serie lief unter dem Label »Showroom Stock Racing«, es durften also nur serienmäßige Fahrzeuge gefahren werden. In den beiden Jahren 1986 und 1987 konnten mit Corvette sogar gleichzeitig die Fahrer- und Mannschaftswertung gewonnen werden.

Im Jahr 1988 startete die sogenannte »Corvette Challenge« als eigene Rennserie. Im ersten Rennen 1989 triumphierte Bill Cooper über seine Kontrahenten.

Für '90 wurde die SCCA World Challenge aufgelegt, aber auch hier dominierten die Corvette drei Jahre lang alle Läufe.

Inzwischen hatte Reeves Callaway seine Künste mit aufgeladenen Motoren erfolgreich perfektioniert und startete regelmä-

1972 starteten Dave Heinz und Bob Johnson mit ihrer 68er L88-Corvette in Le Mans und wurden Fünfzehnte! (Foto: © Archiv Gerst)

ßig bei den einschlägigen Rennen. 1994 wurde er zwar in der GT2-Klasse noch disqualifiziert, doch schon im Folgejahr sicherten sich die bärenstarken Callaways die Plätze 2 und 3.

Die vielen Renn-Versionen, die in den 90er-Jahren entstanden, wurden für verschiedene Zwecke eingesetzt. So gab es Road Racing Corvettes, Drag Racing Corvettes, Showroom Stock Racing Corvettes und World Record Corvettes. Sie und ihre Erfolge hier aufzulisten, würde dieses Buch sprengen.

Generation C5

Für das Modelljahr 1997 erschienen, wurden für die Rennsaison 1999 erstmals die von Pratt & Miller gebauten C5-R-Corvette eingesetzt, die als Basis natürlich die neue Corvette der fünften Generation nutzen konnten. Zahlreiche Modifikationen wie ein längerer Radstand, eine stark veränderte Karosserieform ohne Klappscheinwerfer und ein Small-Block-Motor mit satten sieben Litern Hubraum machten die C5-R tauglich für den Einsatz in der GT-Klasse (mit Werksunterstützung) und zu einem erfolgreichen Rennwagen. Sie errang Siege bei den »24 Stunden von Daytona«, den »12 Stunden von Sebring« und dem 24-Stunden-Rennen in Le Mans (Doppelsieg 2001) sowie in der American-Le-Mans-Serie.

Bis 2004 wurden die C5-R gebaut, ab 2005 wurde sie von der neuen C6.R abgelöst.

2002er Corvette Indy Racing League Pace Car. (Foto: © GM Media)

Die Corvette C5-R in ihrem letzten Einsatzjahr 2004. (Foto: © GM Media)

Generation C6

Schon ab 2005 übernahm die neu aufgebaute C6.R-Corvette das Ruder und leistete in der GT1-Klasse bis 2009 »Renndienst«. Ebenfalls von Pratt & Miller im Auftrag von GM-Racing gebaut, war sie näher an der Serienversion Z06 (ebenfalls 7 Liter Hubraum) als ihre Vorgängerin und wurde beim 12-Stunden-Rennen von Sebring erstmals offiziell vorgestellt.

Auf Basis der ZR1 entstanden in den Jahren 2009 bis 2012 einige C6.R für die GT2-Serie. Im Jahr 2010 war eine Corvette in Le Mans lange an erster Position, blieb aber unglücklich mit Defekten liegen. 2011 holte sie sich dann den Klassensieg.

Für die GT3-Rennserie entwickelte man parallel dazu bei Callaway Competition in Deutschland die Z06-R GT3.

In der American-Le-Mans-Rennserie des Jahres 2012 erzielten Corvette-Rennwagen den Sieg in der Fahrer-, der Mannschafts- und der Hersteller-Wertung, wobei vier von zehn Rennen gewonnen werden konnten.

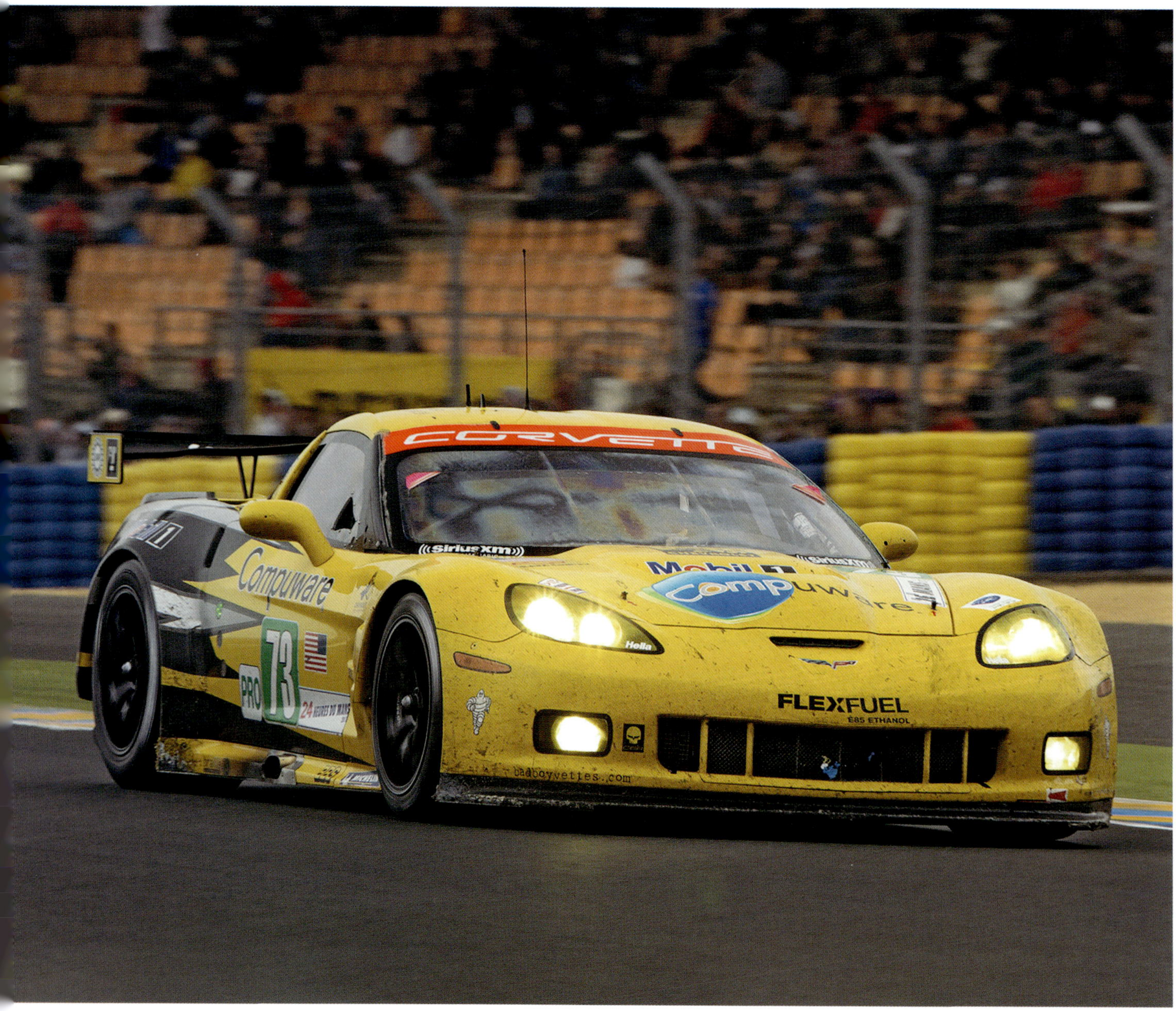

2011 beendete die Corvette C6.R mit der Startnummer 73 die LMGTE-Pro-Klasse Le Mans siegreich. (Foto: © GM Media)

2009 starteten in der ALMS-Serie zwei von Pratt & Miller vorbereitete Corvette C6.R nach GT2-Reglement. (Foto: © GM Media)

In Le Mans 2006 landete die C6.R #64 auf dem 4. Gesamtplatz, während die #63 zum Schluss Platz 12 einnahm. (Foto: © GM Media)

Generation C7

Auch die Rennversion der Generation C7 setzte die Rennerfolge fort. Im Jahr 2014 wurde die Corvette im neu gegründeten United SportsCar Championship vier Mal Erster und gewann damit die gesamte Rennserie.

Die C7.R gewann in 2015 zum ersten Mal das 24-Stunden-Rennen im französischen Le Mans in der GTE-Pro-Klasse, außerdem die »Rolex 24 Stunden von Daytona« und die zwölfstündige Rennveranstaltung in Sebring.

Enttäuschend war 2016 der letzte Platz beim 24-Stunden-Rennen in Le Mans, wo doch so hohe Erwartungen in die C7.R gesetzt worden waren. Trotzdem gewann die Corvette die Fahrer-, Team- und Herstellermeisterschaft

Erfolge stellten sich auch in den Jahren 2017 (vier Siege) und 2018 (nur ein Sieg) ein. 2019, im letzten Jahr der C7.R, konnte sie kein einziges Rennen mehr für sich entscheiden.

Generation C8

Der Öffentlichkeit vorgestellt wurde die neue, wiederum von Pratt & Miller vorbereitete C8.R-Rennversion am 18. Juli 2019, das erste Rennen fand für sie im Januar 2020 in Daytona statt (Rolex 24-Stunden-Rennen). Gegen starke Porsche und BMW belegte die neue Corvette die Plätze vier und sieben. Das gesamte Rennjahr 2020 stellte ein recht gutes Zeugnis aus, denn in neun von elf Rennen landete eine Corvette auf dem Podium.

Technisch nahm die C8.R schon die Z06 für 2023 vorweg. Sie hatte bereits den 5,5-Liter-DOHC-V8 mit Direkteinspritzung bekommen und der leistete dort exakt 500 PS bei 7400/min.

Die Saison 2021 brachte einen Riesenerfolg in der GTLM-Klasse, bei der die beiden Corvette-Rennteams sieben von zehn Rennen gewannen und am Ende in der Meisterschaft die ersten beiden Plätze belegten.

In der 2022 neu geschaffenen IMSA GTD-Pro-Klasse (ersetzte die GTLM) glänzten die Corvette-Teams bislang mit einem ersten Platz in Sebring und mit einem dritten Platz beim Rennen in Long Beach. Für 2024 hat Chevrolet eine C8.R angekündigt, die den internationalen GT3-Regeln entsprechen soll.

Die C7.R wurde von 2014 bis 2019 eingesetzt. (Foto: © GM Media)

Die Corvette C8.R hatte bei den 24 Stunden von Daytona ihr Renndebut. (Foto: © GM Media)

Nie zuvor war der Technologietransfer zwischen Rennwagen und Straßen-Corvette so groß wie bei der C8. (Foto: © GM Media)

Die Corvette als »Pace Car«

Der Indianapolis Motor Speedway zog seit seiner Entstehung 1909 stets die Massen an. Für die großen internationalen Rennen schuf man schon in den 50er-Jahren das sogenannte Pace Car als Schrittmacher-Auto, da das Rennen mit fliegendem Start begann. Jeder Hersteller betrachtete es als höchste Ehre, wenn eines seiner neuen Fahrzeuge von den Offiziellen als Pace Car ausgewählt wurde.

In der langen Liste dieser Fahrzeuge wurden praktisch alle US-Hersteller irgendwann einmal bedacht. Doch obwohl die Corvette spätestens seit Ende 1957, als Ford den zweisitzigen Thunderbird in Pension schickte, den letzten echten US-Sportwagen darstellte, kam sie erst 1978 in den Genuss dieser Wahl. Dann sollte es acht Jahre dauern, bis endlich wieder eine Corvette das Pace Car stellen durfte. Weitere Pace-Car-Jahre waren danach 1986, 1995 und 1998 sowie 2002, wobei hier bereits das 2003er-Modell zum Einsatz kam. Was kein anderer Hersteller jemals erleben durfte: die Corvette wurde in den Jahren 2004 bis 2008 fünfmal hintereinander als Pace Car ausgesucht. Und in den Jahren 2012 und 2013 wurde sie auch wieder an die Spitze der Rennwagen gestellt, 2013 schon mit der im Frühjahr vorgestellten siebten Generation.

Die Z06 kam bereits 2015 wieder zu Ehren und von 2017 bis 2021 gab es die zweite Fünfjahres-Serie für die Corvette C7 und C8. 2022 war dann wieder der Chevrolet Camaro dran.

Das 1998er Corvette C5 Pace Car steht hier mit seinen Vorgänger-Modellen zusammen. (Foto: © GM Media)

Schon vor Serienanlauf durfte die C7 2013 als Pace Car bei den Indy 500 dabei sein. (Foto: © GM Media)

Die C8 war die 18. Corvette, die in Indianapolis das Feld anführen durfte. (Foto: © GM Media)

Prototypen und Show Cars

Amerika ist berühmt für seine Show Cars und so verwundert es nicht, dass auch die Corvette häufig als solches dem interessierten Publikum vorgestellt wurde.

Unter höchster Geheimhaltung hatte Chevrolet die Corvette in den Jahren 1951 und 1952 entwickelt und am 17.1.53 im Waldorf Astoria Hotel in New York City als Prototyp der Öffentlichkeit präsentiert.

Die Produktionsschwierigkeiten der Anfangsjahre wurden bereits weiter vorn dargestellt. Doch mit der endgültigen Entscheidung, die Corvette nicht sterben zu lassen, betrat 1954 ein Show Car namens »Chevrolet Nomad« mit Kunststoff-Karosserie der Corvette und einem Kombi-Aufbau die Bühne. Es nahm Designmerkmale des ein Jahr später eingeführten Serienmodells Nomad vorweg, das auf der Bel-Air-Baureihe basierte.

1959 schuf man in Italien bei Scaglietti die gleichnamige Corvette in dreifacher Ausführung für Carroll Shelby, Gary Laughlin und Jim Hall. Für 1960 entstand bei GM ein weiteres Fahrzeug auf Corvette-Basis, das Concept Car »XP-700«, entwickelt von Bill Mitchell, dessen Heck Linien der C2 vorwegnahm. Bereits ein Jahr später ging es weiter mit dem »Stingray Special« und 1962 mit »XP-755«, später stark umgestaltete und umbenannt in »Mako Shark I«.

Das Verbot werksseitiger Renneinsätze beendete die Karriere der 1957er Corvette SS. (Foto: © GM Media)

Drei von Scaglietti eingekleidete 1959er Corvette entstanden, unter anderem eine für Carroll Shelby. (Foto: © Archiv Gerst)

Auf Basis der zweiten Generation schuf die bekannte italienische Karosserie-Firma Pininfarina 1964 das Show Car »Corvette Rondine«, verantwortlich gezeichnet von Tom Tjaarda.

Und auch der Name »Mako Shark« tauchte wieder auf. Bill Mitchell schuf 1965 den »Mako Shark II«, der mit seinem Coke-Bottle-Design die dritte Generation der Corvette ankündigte. Unter Mitchells Führung folgte 1968 die »Astro-Vette«, die auf einem Serien-Convertible aufbaute und für 1969 konvertierte das Design-Team den »Mako Shark II« in das flache Show Car »Manta Ray«.

Als »XP-755« 1961 ins Leben gerufen, wurde der Wagen später verändert und in »Mako Shark I« umbenannt. (Foto: © GM Media)

Italienischen Chic verband Pininfarina 1963 mit US-Technik - die Corvette Rondine war geboren. (Foto: © GM Media)

Mako Shark I (1961) und II (1965). Aus dem 65er Modell wurde vier Jahre später das Show Car »Manta Ray«. (Foto: © GM Media)

Viele Designmerkmale hatte der auf dem »Mako Shark II«-basierende »Manta Ray« übernommen. (Foto: © GM Media)

Die spektakuläre Dachlinie war das Highlight der 1969er Corvette »Manta Ray«. (Foto: © GM Media)

Auf der IAA in Frankfurt des Jahres 1973 präsentierte GM ein Mittelmotor-Show-Car. Von Felix Wankel hatten die GM-Oberen die Lizenz zum Bau dessen Kreiskolbenmotors erworben und statteten die »Two Rotor XP-897 GT« mit einem 4,3-Liter großen Wankel-Aggregat mit 180 PS aus. Basis des Ausstellungsstücks war übrigens ein gekürztes Chassis eines Porsche 914/6.

Ein weiterer Mittelmotor-Prototyp war der 1973er »Four Rotor XP-882«, der zunächst zwei gekoppelte 2-Scheiben-Wankelmotoren mit insgesamt 420 PS erhielt, später aber auf einen konventionellen 6,6-Liter-V8 umgerüstet und »Aerovette« getauft wurde. So bewarb man sie als Vorbote der vierten Generation, die 1980 präsentiert werden sollte, doch wie man weiß geschah das nie.

Pratt & Miller bauten 2007 auf Basis der C6 sieben C6RS mit 8,2-Liter-Motor, der E85-Kraftstoff vertrug und 600 PS leistete sowie 813 Nm bereitstellte.

2009 entstand das Concept-Car »Stingray Concept«, das auch im Film »Transformers 2« mitwirkte.

1973 debütierte der Corvette-Prototyp als »Four Rotor XP-882« mit Vierscheiben-Wankelmotor, ... (Foto: © GM Media)

... der dann später auf V8 umgebaut wurde und den Namen »Aerovette« erhielt. (Fotos: © Foto: © GM Media)

Bei Pratt & Miller entstanden 2007 auf Basis der C6 sieben C6RS. (Foto: © GM Media)

Die C6RS verfügte über einen 8,2-Liter-Motor und konnte mit E85-Kraftstoff betankt werden. (Foto: © GM Media)

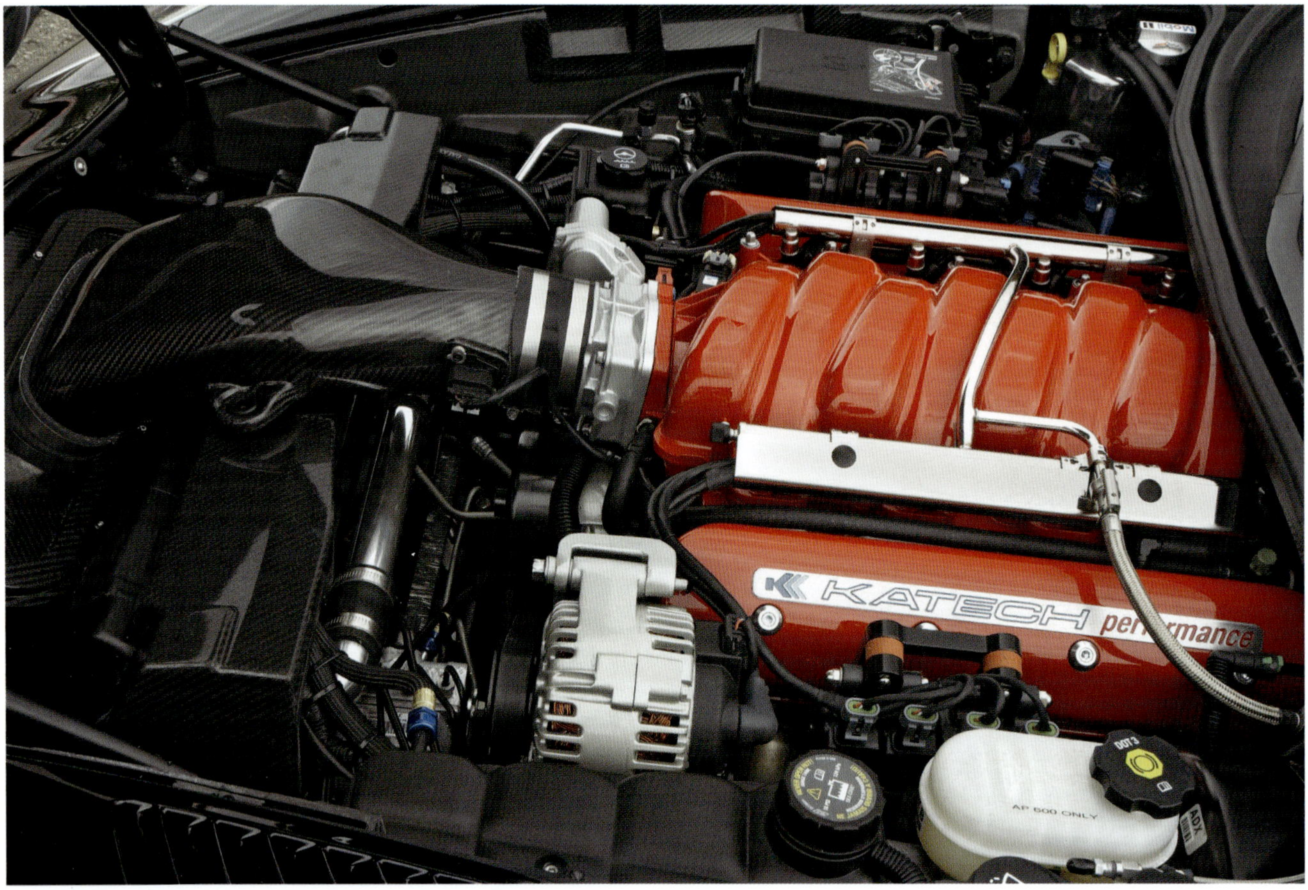

600 PS und 813 Nm Drehmoment holte die Corvette C6RS aus ihrem Triebwerk. (Foto: © GM Media)

Jedes C6RS-Interieur war unterschiedlich, dieses Exemplar mit rot-schwarzer Ausstattung gehört Jay Leno. (Foto: © GM Media)

Das »Stingray Concept« erschien 2009 zum 50. Jubiläum der Corvette. (Foto: © GM Media)

Das spektakuläre Show Car zitierte die 63er Corvette mit ihrem geteilten Heckfenster. (Foto: © GM Media)